Ich mach das jetzt!

Ulla Lohmann

Ich mach das jetzt!

Meine Reise zum Mittelpunkt der Erde

BENEVENTO
SALZBURG – MÜNCHEN

FSC
www.fsc.org
MIX
Papier aus verantwortungsvollen Quellen
FSC® C020353

Sämtliche Angaben in diesem Werk erfolgen trotz sorgfältiger Bearbeitung ohne Gewähr. Eine Haftung der Autoren bzw. Herausgeber und des Verlages ist ausgeschlossen.

2. Auflage 2020

Gesetzt aus der Palatino, Gotham

Medieninhaber, Verleger und Herausgeber:
Red Bull Media House GmbH
Oberst-Lepperdinger-Straße 11–15
5071 Wals bei Salzburg, Österreich

Satz: MEDIA DESIGN: RIZNER.AT
Fotos: © Ulla Lohmann
Printed by Neografia, Slovakia

ISBN 978-3-7109-0023-5

Inhaltsverzeichnis

Für die Liebe meines Lebens und für meine Mama.

Don't dream it – do it!

Vorwort

Als Film- und Fotojournalistin bin ich auf der ganzen Welt unterwegs, erlebe viele spannende Abenteuer, treffe außergewöhnliche Menschen und lerne jeden Tag etwas Neues. Ich lebe meinen Traum, weil ich meinem Herzen folge und dadurch meine Erfüllung finde. Natürlich ist es nicht immer einfach und erfordert auch Mut und Durchsetzungsvermögen. Aber wenn man wirklich will, schafft man es. Es dauert nur manchmal etwas.

Bei mir dauerte es 20 Jahre, bis ich von der Expeditionsköchin zur Expeditionsleiterin und Fotografin wurde. Ein langer und schwerer, aber auch lustiger Weg über Stock und Stein, mit vielen Begegnungen, ein paar gebrochenen Herzen, viel Leidenschaft und noch mehr Durchhaltevermögen und Dickköpfigkeit.

Dies ist meine Geschichte. Sie ist nicht exemplarisch und auch nicht idealtypisch, aber sie zeigt etwas, woran ich mit ganzem Herzen glaube: Träume müssen nicht Träume bleiben. Denn wenn man an sie glaubt, werden sie wahr. Für jeden.

Kapitel 1

Das Herz der Erde

Es war ein einziger Schritt, der meine Sicht auf die Welt veränderte: ein Schritt zum Abgrund, zum Rand des Vulkans. Fast verlor ich das Gleichgewicht, denn auf diesen Anblick war ich nicht vorbereitet. Weit unter mir brodelte die Lava und ein riesiger Lavasee warf seine Schlacken nach oben. Seine Hitze traf mich wie eine Wand. Die Gase brachten meine Augen zum Tränen. Vor mir lag das offene Herz der Erde. Und ich stand davor. Vor dieser Urkraft, die alles Leben auf der Welt geschaffen hat und gleichzeitig alles zerstören kann.

600 Meter unter mir brodelte der Lavasee. Es hörte sich an, als würde man einen Kessel voller Wasser zum Kochen bringen – nur tausendmal lauter. Die Luft roch nach Schwefel und stach in der Nase. Ich ahnte, dass das nicht wirklich gut für mich war, aber es war mir egal, meine Gasmaske baumelte unbeachtet um meinen Hals. Ich war einfach zu gebannt von dem Anblick vor mir. Unaufhörlich stiegen orange-gelbe Gaswolken nach oben. So, als würde der Vulkan seinen heißen Atem aus der Hölle zu mir schicken. Jedes Mal, wenn mich ein

Schwall heißer Luft erreichte, schauderte ich und bekam Gänsehaut. Ich war 19 Jahre alt. Für mich verwirklichte sich gerade ein Kindheitstraum.

Schon mit acht Jahren habe ich davon geträumt, einmal glühende Lava zu sehen. Damals hatte mich mein Vater mit nach Italien genommen, um mir die unter Asche begrabene Stadt Pompeji und die zerstörerische Kraft des Vulkans Vesuv zu zeigen.

Jetzt war ich in Vanuatu in der Südsee. Vier Tage reiste ich von Deutschland über Amerika und Neuseeland auf die Südpazifik-Insel. Unzählige Flugstunden, mehrere Stunden Autofahrt, viele Stunden Fußmarsch und einige Übernachtungen lagen hinter mir. Nun stand ich endlich am Ziel meiner Träume: vor der rot glühenden Lava. Aber anstatt mich zu freuen, brodelte eine merkwürdige Unruhe in mir auf.

Der Lavasee lag über einen halben Kilometer unter mir. Wie wäre es erst, noch näher dran zu sein? Die Fontänen über meinen Kopf spritzen zu sehen, die Geräusche noch intensiver zu hören, und die Strahlungswärme der 1200 °C der Lava am ganzen Körper zu spüren? Da unten war noch nie ein Mensch gewesen. Wie wäre es wohl, der erste Mensch auf der Welt zu sein, der seinen Fuß dort hinsetzt?

Und schon fühlte ich einen Wunsch in mir aufsteigen, der wie ein heranrasender Zug immer stärker und lauter wurde: Ich wollte in diesen Schlot hinein, ich wollte mich abseilen und ganz nah am Lavasee stehen, um die Elemente noch mehr zu spüren. Da unten wartete ein riesengroßes Abenteuer auf mich. Da wollte ich hin!

Mir war allerdings nicht klar, wie ich das anstellen sollte. Es galt, sich 600 Meter in den Krater abzuseilen und anschließend wieder aufzusteigen. Man musste klettern können. Man musste die Seile gut verankern. Man musste mit Gasmaske arbeiten. Man musste Bohrhaken setzen. Ich konnte nichts von alldem. Aber ich konnte träumen.

Mein Kindheitstraum

Träumen tat ich schon als Kind am liebsten. Ich las sehr viel und weinte oft, wenn die Geschichten vorbei waren. Der Abschied von meinen Helden fiel mir unsagbar schwer. Irgendwann begann ich, die Geschichten weiterzudenken, sie weiter zu erfinden.

Besonders gerne träumte ich von Axel und dem schrulligen Professor Lidenbrock aus Jules Vernes *Die Reise zum Mittelpunkt der Erde*. Die beiden steigen durch ein Kraterloch ins Erdinnere und erleben dabei allerlei Abenteuer. In meinen Gedanken waren der ängstliche Neffe und der wirklichkeitsfremde Professor nicht alleine, sie hatten noch eine praktisch veranlagte und geschickte Gehilfin dabei, die die Reise dokumentierte: mich! Ich erlebte viel mit den beiden und entdeckte

Plätze, an denen noch nie ein Mensch gewesen war. Diese Geschichten erzählte ich meiner Schwester Rita. Im Sommer saßen wir stundenlang unter dem Zwetschgenbaum im heimischen Garten in Enkenbach-Alsenborn in der Pfalz und sie hörte mir zu. Manchmal nahmen wir meine erfundenen Geschichten mit einem Kassettenrekorder auf. Meine Eltern wollten, dass ich selbst las und deswegen durfte ich keine Hörspielkassetten besitzen. Also machte ich meine eigenen! Geschäftstüchtig verkaufte ich sie auch an meine Mitschüler.

Sehr zum Leidwesen meiner Eltern vermischten sich Realität und Traumgeschichten des Öfteren. Ich war Meisterin darin, Ausreden zu erfinden und mir Dinge auszudenken, die in Wirklichkeit nicht stimmten. Doch für mich waren auch meine Träume lebendig und wahr.

Von Vulkanen träumte ich schon sehr früh. Daran war mein Vater schuld: Als ich acht war, nahm er mich zum Vesuv mit und zeigte mir Pompeji – die verschüttete Stadt aus der Antike. Wir liefen eine weite, gerade Straße mit großen Pflastersteinen entlang. Sie erschien mir endlos, bis zum Horizont. Rechts und links der Straßen waren Ruinen. Mein Papa erklärte mir, dass die Häuser schon vor tausenden von Jahren von den Römern gebaut worden waren. Mir gefielen besonders die erhöhten Fußgängerüberwege, antike Zebrastreifen sozusagen, die in einem Abstand gemacht waren, dass Pferdefuhrwerke damals gerade so durchgepasst haben.

Ich sprang von Stein zu Stein und verfolgte meinen Schatten, der über das Kopfsteinpflaster hüpfte. Doch ich sah keine lange, leere Gasse vor mir, sondern eine Straße, auf der Pferdefuhrwerke ratterten, vollbeladen, und Menschen, die auf den Markt eilten, um ihre Waren zu verkaufen. Ich war mittendrin im Leben der Menschen im alten Pompeji 79 nach Christus. Ein kleines Mädchen in meinem Alter entwischte gerade der Hand ihrer Mutter, um ihren jungen Hund einzufangen, der auf die Straße laufen wollte. Gerade noch rechtzeitig vor dem herannahenden Pferdekarren konnte sie ihr hellbraunes Hündchen mit den Puschelohren einfangen, aber das Pferd scheute, und der Fahrer schimpfte fürchterlich. Ein anderes Pferd wieherte und ließ Pferdeäpfel fallen, mitten auf die Straße.

Mein Vater unterbrach meine Fantasien und nahm mich an der Hand: »Komm, ich will dir zeigen, warum keiner mehr in dieser Stadt lebt. Ein großer Vulkan hat die Menschen hier getötet.« Wir liefen durch die sonnige Ruinenstraße in eine Art Kammer. Hier war es dunkel und viel kälter. Ich fröstelte. Als sich meine Augen an die Dunkelheit gewöhnt hatten, sah ich sie: Menschen in der letzten Sekunde ihres Lebens, festgehalten für die Ewigkeit. Sie lagen auf dem Boden, zusammengekauert, manche hielten die Hände schützend über sich. Ein paar kleine Kinder waren auch dabei, daneben die Eltern, für immer erstarrt beim vergeblichen Versuch, sie zu beschützen. Einer war gerade dabei, aufzustehen, als ob er fliehen wollte. Manche lagen friedlich da, als würden sie nur schlafen.

Plötzlich überfiel mich eine unbändige Neugierde. Auf einen Schlag wurde ich endgültig aus meiner Träumerei von vergangenen Welten gerissen und war hellwach. Ich wollte wissen, wie die Menschen umgekommen waren. Mein Vater erzählte, dass im alten Pompeji schon seit mehreren Wochen tagtäglich die Erde gebebt hatte. Heute wissen wir, dass das die Anzeichen eines bevorstehenden Ausbruchs des Vulkans Vesuv waren. Aber damals hatten die Menschen noch nie einen Vulkan ausbrechen sehen und wussten nicht, dass sich die Katastrophe direkt unter ihnen anbahnte. Am 24. August 79 nach Christus war es soweit: Der Berg explodierte. Gas- und Aschewolken wurden aus dem Vulkan geschleudert, der Himmel verdunkelte sich. Die Bewohner von Pompeji wurden vom Ausbruch überrascht. Kaum jemand konnte fliehen, alles ging viel zu schnell. Eine Gas-Aschewolke zog mit einer Temperatur von bis zu 500 °C mit über 100 Stundenkilometern über die Gegend hinweg. Die Glutlawine fegte über die Stadt, welche bereits unter einer meterdicken Ascheschicht lag. Viele Häuser waren eingestürzt, andere vollständig verschüttet. Die Luft war unsagbar heiß, trocken, und von feinem Staub erfüllt. Die Menschen starben an Ort und Stelle, bei dem, was sie gerade taten.

Mein Papa erklärte mir, dass der Vulkan Fluch und Segen zugleich sei: Wegen der fruchtbaren Asche wachse hier alles so üppig: Weintrauben, Feigen, Obst und Gemüse.

Wieder zu Hause angekommen, war meine Leidenschaft für Vulkane vollends entfacht. Ich saugte alles in mich auf, das ich zu dem Thema ausfindig machen konnte, und las, was mir diesbezüglich in die Hände fiel. Für mich war ganz klar, dass nur ein Beruf infrage kam: Ich musste Vulkanforscherin werden.

Meine Eltern waren amüsiert, denn das war nicht mein erster ernsthaft vorgetragener Berufswunsch. Davor wollte ich schon Lehrerin, Turnerin und Autorin werden. Meine Eltern waren beide Lehrer und hielten es für sinnvoll, mich in jedem meiner Wünsche zu bestärken, und mich zu fördern. Sie haben mir beigebracht, dass ein Forscher immer genau über alles Buch führen muss.

Ich setzte es sofort in die Tat um: Auf dem Speicher unseres Nachbarn fand ich einen jungen Mauersegler, den ich von Hand aufziehen konnte. Ich dokumentierte akribisch, was Hansje, so taufte ich ihn, fraß, wie viel er wog, und wie ich ihm das Fliegen von meinem Kopf als Startplattform beibrachte. Nach knapp drei Monaten konnte ich ihn wieder in die Freiheit entlassen. Er kehrte in den Folgejahren immer wieder zurück und versuchte stets, auf meinem Kopf zu landen. Alles wurde von mir dokumentiert. Meine wesentliche Erkenntnis war, dass Hansje durch die falsche Prägung in seiner Kindheit nie ein Weibchen fand. Er half einem anderen Pärchen bei der Aufzucht ihrer Jungen, brütete aber nie selbst.

Der Mauersegler half mir, meinen ersten *Jugend-forscht*-Wettbewerb zu gewinnen. Ich wurde Regionalsieger und belegte den zweiten Platz auf Landesebene. Ein Erfolg, den ich nie zu träumen gewagt hätte, der mich aber noch mehr in meinem Wunsch bestärkte, Forscherin zu werden. Ein Nachteil blieb allerdings: Vulkane gab es in Enkenbach-Alsenborn einfach nicht und die Wahrscheinlichkeit, dass sich einer aus der Erde erheben würde, tendierte gen null.

Der Wendepunkt

Dafür gab es aber jede Menge Probleme beim Älterwerden. In der Schule war ich immer die Außenseiterin, da ich mich nicht für Jungs interessierte. Die anderen Mädchen hatten ihren ersten Freund und redeten über nichts anderes als den ersten Kuss, das neueste Bravo-Magazin oder die beste Mascara. Ich wusste noch nicht einmal, was das war und es interessierte mich auch nicht. Bis auf meinen ersten Schultag hatte ich noch nie ein Kleid angehabt. Ich wollte nie ein Mädchen sein und mein Kurzhaarschnitt zeigte dies jedem. Zudem war er viel praktischer beim Schwimmen und Leistungsturnen. Nur meine Koteletten waren lang und führten zu allerlei Hänseleien.

Der erniedrigendste Moment meines Schullebens begab sich im Januar 1992. Ich war 14, als mich zwei Mädchen auf der Toilette einsperrten und versuchten, mir die Koteletten abzuschneiden. Ich wehrte mich, kratzte, trat um mich und biss zu wie ein wildes Tier.

Natürlich musste ich deshalb wieder einmal zum Direktor. Aber wir kannten uns ohnehin gut. Zum einen weil ich die Schülerpolitik mit ihm besprach. Zum anderen weil ich regelmäßig meine Ratte – ich hatte sie Woodstock getauft – mit in die Schule brachte. Sehr zum Ärger meiner Sitznachbarin in Mathematik, denn sie konnte Woodstock nicht ausstehen. Jedes Mal, wenn ich mit einem weiten Pulli auftauchte, bekam sie einen Schreikrampf, weil sie glaubte, dass sich Woodstock darin versteckte. Und damit lag sie nicht ganz falsch. Die Ratte lebte mit und quasi auf mir. Wenn sie aufs Klo musste, kroch sie aus meinem Ärmel, verrichtete ihr Geschäft, und krabbelte in den Pulli zurück. Wenn ihr langweilig wurde, setzte sie sich auf meine Schulter. Ich fand das toll und es war für mich selbstverständlich. Dieses arme Tier zu Hause im Käfig zurückzulassen, erschien mir wie die reinste Tierquälerei. Und schließlich gab es an unserer Schule keinen Satz in der Hausordnung, der besagte, Ratten wären nicht erlaubt. Nach meinem Abitur sollte sich das ändern und es wurde ausdrücklich in die Hausordnung aufgenommen: »Ratten sind im Unterricht und in der Schule verboten!« Für mich war es aber auch eine willkommene Ausrede, nicht dem

Mathematikunterricht beiwohnen zu müssen. Unsere Lehrerin, die wir wegen ihrer ausgeprägten Stupsnase heimlich »Miss Piggy« nannten, warf mich nämlich sofort aus dem Unterricht, wenn meine Sitznachbarin nur den kleinsten Schrei ausstieß. »Miss Piggy« wollte gar nicht erst nachschauen, ob an dem Gerücht, dass in meinem Ärmel eine Ratte wohnte, etwas dran sein könnte. Trotzdem wurde ich einmal deswegen zum Direktor zitiert, der Woodstock allerdings nicht finden konnte. Praktischerweise war meine um zwei Jahre jüngere Schwester auch auf der gleichen Schule und übernahm vor jedem Rendezvous beim Direktor schnell die Ratte.

Ich war in der Schülerpolitik aktiv, war mehrere Jahre Stufensprecherin, und später auch Schülersprecherin. Nur richtige Freunde hatte ich nicht. Dafür fand ich mein Umfeld außerhalb der Schule, in meiner Turngruppe. Ich trainierte fünfmal die Woche im TPSV, dem Turn- und Polizeisportverein von Enkenbach. Seitdem ich drei war, seit meiner ersten Rolle vorwärts im Mutter-Kind-Turnen war ich vom Turnen begeistert. Der Geruch der gummierten Turnmatten, der Staub des Magnesiums, das Gewicht der Medizinbälle und die stützenden Hände meines strengen Trainers, der mir immer ein Vorbild bleiben sollte, bedeuteten mir alles. Riesenfelge am Barren, Salto am Boden, Rad auf dem Barren, aber auch Schwimmen, Kunstspringen und Leichtathletik standen auf dem Trainingsplan. Der Erfolg blieb nicht aus: Mit der Mannschaft gewannen wir zweimal die deutsche Meisterschaft. Das Gefühl war unbeschreiblich: oben auf dem Podest zu stehen, die Goldmedaille umgehängt zu bekommen, von allen bejubelt zu werden.

Als ich mich beim Probetraining für die Aufnahme in den deutschen Kader beim »Freien Rad«, dem Rad ohne Hände, so schlimm am Knie verletzte, dass ich operiert werden musste, brach für mich eine Welt zusammen. Ich musste mit dem Turnen pausieren und schnell wurde mir klar, dass ich den Anschluss an meine frühere Leistung nie wieder schaffen würde. Ich fiel in ein Loch und schlug nur noch Zeit tot. Statt zu turnen, hing ich nun nach der Schule an der Bushaltestelle ab und philosophierte mit jedem, der es hören wollte, über Gott und die Welt. Ich fand Anschluss an eine Gruppe älterer Studenten, die gemeinsam in einer Wohngemeinschaft lebten, einen bunt angemalten VW-Bus besaßen, und auch im Winter nur barfuß liefen. Gemeinsam mit meinen neuen Freunden organisierte ich regelmäßig Suppenküchen für die Armen oder Demos gegen alles und nichts. Bei meiner ersten Demo gegen Politikverdrossenheit war ich 15 und durfte das erste Mal vor einer Menschenmenge durch das Mikrofon sprechen. Ich hatte schweißnasse Hände und zitterte, aber der Applaus gab mir die Bestätigung, die ich brauchte. Ich kam mir nicht mehr wie ein Außenseiter vor. Oft übernachtete ich auch bei meinen Freunden in deren WG. In den Zimmern lagen große Matratzen auf dem Boden und wer mochte, konnte dort übernachten. Man musste nur rechtzeitig schauen, dass man ein Plätzchen bekam und keinen Schlafgenossen neben sich hatte, der schnarchte oder einem die Bettdecke klaute. Zu essen gab es auch immer: Für unsere Suppenküche für Bedürftige bekamen wir abgelaufene Produkte von Supermärkten; die Reste verwendeten wir selbst. Das gebrauchte Geschirr wurde in die Badewanne gestellt. Wer als Nächster duschte, machte gleichzeitig dabei den Abwasch. So wurde Wasser gespart. Für meine Eltern war das keine leichte Zeit. Unser Kontakt war eher sporadisch und wenn ich doch einmal zu Hause war, hatte ich an allem etwas auszusetzen.

Während ich zumindest wieder etwas Halt gefunden hatte, starb ein halbes Jahr nach meinem Turnunfall plötzlich und unerwartet der Patenonkel meiner Schwester, der unserer Familie sehr nahestand. Es war ein weiterer Schlag für mich und es sollte in dieser Zeit nicht der letzte sein. Nur wenige Wochen später verunglückte mein Schulkamerad und Sitznachbar Hannes tödlich. Er war einer der wenigen, der mich nie gehänselt oder sich über mich lustig gemacht hatte. Ich war am Boden zerstört. Auch heute noch treibt mir das Lesen seiner Todesanzeige die Tränen in die Augen: »Hannes, du fehlst uns. Deine Freunde.« Sein Kreuz auf dem Friedhof ist ein simples Abbild eines Windsurf-Brettes. Hannes liebte Windsurfen, Snowboarden und das Leben. Sein ansteckendes Lachen habe ich heute, nach so vielen Jahren, immer noch im Ohr.

Es war kein gutes Jahr für mich, aber es sollte noch schlimmer kommen: Eines Tages kam unser Schuldirektor in den Unterricht geplatzt und sprach mich an: »Ulla, du bist beurlaubt, du sollst sofort nach Hause kommen.« Er war kreidebleich und ich erschrak. Anscheinend hatte ich etwas Schlimmes angestellt. Anders konnte ich mir das nicht erklären. Zitternd packte ich meine Sachen zusammen und stieg gemeinsam mit meiner Schwester Rita, die ebenfalls nach Hause geschickt worden war, in den Bus. Nach 20 endlosen Minuten stiegen wir an unserer Haltestelle in Enkenbach aus, wo wir immer mit dem Auto abgeholt wurden. Aber niemand erwartete uns dort. Erst gefühlte Stunden später kam meine Mutter mit dem Wagen um die Ecke gefahren. Ich riss die Autotür auf und schimpfte: »Wo bleibst du denn? Wir müssen aus dem Unterricht weg und du, du kommst nicht?« Wütend stieg ich ein, aber meine Mutter sah mich nicht an. Leichenblass umklammerte sie das Lenkrad und sagte leise: »Euer Papa ist tot.« Ich konnte es nicht fassen. Im Auto war es totenstill. Ich blickte in den Himmel hinauf und sah, wie die Sonne durch die Wolken brach. »Da oben ist er jetzt«, dachte ich, aber die Tragweite dieser Worte war mir zu dem Zeitpunkt nicht bewusst. Rita schluchzte leise auf der Rückbank, meine Mama brach in Tränen aus. Ich weinte nicht.

Es war der 11. Februar 1992 und der Fasching stand vor der Tür. Unpassender ging es nicht. Gemeinsam mit meiner ehemaligen Turngruppe sollte ich beim Fasching als Gardemädchen tanzen. Ich erklärte meiner Mama, dass sich alle auf mich verlassen würden, dass ich das nicht ausfallen lassen konnte. Drei Tage später tanzte ich also auf dem Faschingsfest. Ich erinnere mich noch, dass sie irgendwann das Lied »Runaway Train« spielten und meine Turnfreundin Anne mich in den Arm nahm. In dem Moment war es greifbar: Mein Vater lebte nicht mehr. Er war tot. Erst jetzt kam die Nachricht in ihrer ganzen Tragweite bei mir an. Zum ersten Mal weinte ich, denn es war nicht irgendein Tod: Er hatte Selbstmord begangen.

Die Beerdigung war das Schlimmste, das ich in meinem bisherigen Leben durchgemacht hatte, denn ich gab mir die Schuld am Tod meines Vaters. Drei Tage vor seinem Tod hatte ich mich heftig mit ihm gestritten und ihn zum ersten Mal in meinem Leben richtig angeschrien. Versöhnt haben wir uns hinterher nicht mehr. Dafür war es jetzt zu spät. Ich würde ihm nie mehr sagen können, dass es mir leidtat. Und gleichzeitig war ich enttäuscht, ja, fast wütend, dass er uns im Stich gelassen und sich aus dem Staub gemacht hatte. Er hatte die einfache Alternative gewählt.

Mein Vater hatte mir immer von den Helden aus den Büchern vorgelesen, die sich allen Schwierigkeiten stellten, die nie aufgaben und allen Widrigkeiten zum Trotz am Ende immer siegten. Auch Professor Lidenbrock hat bei seiner Reise zum Mittelpunkt der Erde nicht aufgegeben! Bei allen Abenteuern gibt es doch immer wieder einen Ausweg! Nur mein Vater hatte beschlossen, einen Weg ohne Ausweg zu gehen. Dieser Widerspruch zwischen seinen Worten und seinem Handeln löste sich für mich nicht auf. Selbst die Erklärungen für seine Tat, zum Beispiel endogene Psychose, Depression, Schizophrenie oder Psychopharmaka, waren für mich nur Ausflüchte. Jahrelang habe ich Angst gehabt, meine Mami und meine Schwester würden mir die Schuld für sein Handeln geben: Schließlich hatte ich ja solchen Krach mit ihm gehabt, dass er drei Tage später von einer Brücke gesprungen war.

Für mich war dies ein Wendepunkt und konnte nur eines bedeuten: Ich musste weg. Weit weg. Trampen schien mir die richtige Antwort in dieser Situation zu sein. Sehr zum Leidwesen meiner Mama streckte ich meinen Daumen aus und malte Schilder: »Irgendwohin«, »Nirgendwohin«, »Süden«, »Norden«. Egal wohin, Hauptsache möglichst weit weg von zu Hause, wo mich auch in der Schule jeder nur mitleidig betrachtete und die, die vorher kein gutes Haar an mir gelassen hatten, plötzlich vorgaben, meine besten Freunde zu sein. Alle wollten mir helfen, aber für mich fühlte es sich an wie Mitleid. Und das wollte und konnte ich nicht ertragen. Für mich war die Welt aus den Fugen geraten und ich fühlte mich unendlich allein. Mein bester Freund Heiko sagte mir, in anderen Ländern würde gefeiert, wenn jemand sterbe. Man feiere, dass derjenige gelebt habe. Aber mich machte das nur noch wütender und erst viele

Jahre später verstand ich, was er mir in dem Moment sagen wollte.

Die Forscherin

Eine paläontologische Grabung half mir, mit der Situation umzugehen. 1993 hatte das Naturkundemuseum POLLICHIA 29 Kilometer von meinem Heimatort entfernt begonnen, nach Fossilien zu graben. Der Präparator und Freund meines Vaters, Bernd Graumann, lud mich ein, dabei zu sein. Er wusste genau, wie gerne ich im Matsch wühlte und wie gerne ich forschte und Dinge entdeckte. Es tat mir unglaublich gut, mit meinen 15 Jahren von den Forschern ernst genommen zu werden. Vor allem Bernd hatte immer eine Antwort auf all meine Fragen.

Ich war fast jeden Tag dabei, nur an den Wochenenden trampte ich durch die Republik. Ich war schlichtweg neugierig auf die Menschen und ihre Beweggründe zum Leben. Ich stellte jedem, bei dem ich ins Auto einstieg, die gleiche Frage: »Für was lebst du?« Die Antworten, die ich bekam, waren so unterschiedlich wie die Reaktionen auf die Frage. Es passierte oft, dass meine Fahrer am Ende einer intensiven Unterhaltung mit mir zu weinen begannen, weil sie realisierten, dass ihr Leben so nicht lebenswert war, sie aber nicht den Mut hatten, es zu ändern.

Zu dieser Zeit schlief ich kaum noch zu Hause, sondern in der WG. Ich ließ mir meine Haare wachsen, trug Stirnbänder, ausrangierte Secondhand-Kleidung – am liebsten Schlaghosen – und ich rauchte Joints, die mir beim Vergessen helfen sollten. In der Schule arbeitete ich nur noch bei den Fächern mit, die mir Spaß machten oder wo ich die Lehrer mochte. Alles andere lehnte ich konsequent ab. Vor allem bei den Lehrern, die sich keine Mühe mit dem Unterricht gaben, war ich sehr frech. Nur bei der Ausgrabung strengte ich mich richtig an.

Es war ein ganz normaler Sommertag. Die Mauersegler zogen schreiend ihre Kreise über uns. Die Sonne schien warm und ließ die Erde duften. Vorsichtig grub ich Schicht für Schicht des Lehmbodens ab. Plötzlich entdeckte ich einen schwarzen Abdruck an der Bruchkante einer Steinplatte, der mich stutzig machte. In diesem Moment wusste ich noch nicht, dass es sich um ein fast zwei Meter großes Uramphib handelte, das noch nie beschrieben worden war. Bisher gab es nur Schädelfunde und ein komplettes Skelett war eine wissenschaftliche Sensation.

Das Uramphib *Sclerocephalus haeuseri* ist 280 Millionen Jahre alt. Und ich hatte es entdeckt! Bernd Graumann war es, der mich in die Verantwortung zog: »Ulla, du musst es auch beschreiben und veröffentlichen. Das ist sehr wichtig für die Wissenschaft.« An meinem Berufswunsch, Forscherin zu werden, hatte sich nichts geändert und mein Forschungsdrang war nach wie vor ungebrochen. Meine WG-Freunde waren mir ab dem Moment nicht mehr ganz so wichtig, aber immerhin fanden sie meine Entdeckung auch cool und verstanden, dass ich daran arbeiten musste. Von nun an widmete ich meine freie Zeit den fossilen Knochen. Während andere Mädchen in die Disco gingen und Jungs abschleppten, puzzelte ich Skelettteile zusammen und fertigte wissenschaftliche Zeichnungen an, die aus Millionen und Abermillionen von Pünktchen bestanden, um die Dreidimensionalität der Knochen darzustellen. Nur an den Wochenenden trampte ich noch immer umher oder verbrachte Zeit mit meinen WG-Freunden.

In drei Jahren harter Arbeit gelang es mir, insgesamt 42 Skelette zu untersuchen, abzuzeichnen und schematisch zu rekonstruieren. Ich teilte vier Entwicklungsstufen des Amphibes ein und konnte anhand der Fossilienfunde anderer Tiere auch Rückschlüsse auf den Lebensraum »meines« Amphibes ziehen. Mir gelang sogar der Nachweis, dass dieses Tier Kannibale war. Ich finde es auch heute noch ungemein spannend, was man anhand von Knochenfunden aus der Vergangenheit erzählen kann.

Immer wieder musste ich bei meiner Arbeit an Pompeji denken, an die Zerstörung durch den Vulkanausbruch, und an meinen Wunsch, einmal einen aktiven Vulkan zu sehen.

Mit meiner Erstrekonstruktion von *Sclerocephalus haeuseri* gelangen mir nicht nur der Regional- und der

Landessieg bei *Jugend forscht*, sondern ich gewann auch auf Bundesebene. Sogar der damalige Bundeskanzler Helmut Kohl schüttelte meine Hand und die Bilder meiner Siegerehrung – ich war die einzige weibliche Bundessiegerin in diesem Jahr – flimmerten durch sämtliche Nachrichten. Meine Siegprämie waren stolze 1.500 Euro.

Meine *Jugend-forscht*-Arbeit half mir sehr dabei, meinen Notendurchschnitt zu verbessern, wenn auch erst im zweiten Anlauf. Ich reichte sie als Facharbeit ein und bekam mit nur acht von fünfzehn Punkten eine Note im unteren Mittelmaß. Wer hätte gedacht, dass man mit dieser Abhandlung *Jugend-forscht*-Bundessiegerin werden konnte, aber in der Schule nur eine Benotung im unteren Mittelmaß bekam? Für mich war das weder nachvollziehbar noch zufriedenstellend. Ich marschierte zum Direktor und bat darum, dass die Arbeit noch einmal begutachtet werden sollte. Daraufhin zitierte der Direktor den verantwortlichen Lehrer zu sich. In meinem Beisein erklärte er ihm: »Ich glaube, Sie haben die Arbeit nicht ganz verstanden und die Tragweite der wissenschaftlichen Ausführungen nicht begriffen.« Das war definitiv einer der schönsten Momente meiner Schulzeit! Am Ende wurde es eine glatte Eins. Und mein Durchhaltevermögen wurde belohnt, wie das so oft der Fall ist, wenn man an etwas glaubt und es durchzieht.

Kurz darauf bestand ich auch das Abitur. Irgendwie hatte ich es geschafft: trotz meiner Ratte, trotz meines

Fehlens, trotz der Zeit, die ich, anstatt zu lernen, für *Jugend forscht* opferte. Trotz meiner Wut auf schlechte Lehrer, die mich ebenso wenig mochten wie ich sie.

Ich wartete noch nicht einmal unsere Abschlussfeier und die Überreichung der Zeugnisse ab, sondern packte gleich meinen Rucksack. Nach dem Kauf meines Around-the-World-Tickets blieben mir 800 Euro für die Reisekasse. Ich hatte Geld und ich hatte genügend Zeit, denn bis zum Studienanfang waren es noch sechs Monate und ich wollte die Welt entdecken!

Die Weltreise

Die erste Station meiner Weltreise führte mich nach Nepal. Ein Filmemacher, dem ich durch meinen *Jugend-forscht*-Sieg aufgefallen war, hatte mich eingeladen, bei der Produktion seines Dokumentarfilmes im Himalaya mitzuhelfen. Doch kurz vor Drehbeginn erkrankte seine Mutter und er musste die Filmarbeiten verschieben. Für mich stand fest, dass ich meine geplante Abreise nicht ändern würde, zu sehr freute ich mich auf das unbekannte Land. Durch das Trampen in Europa hatte ich gelernt, dass es immer irgendwie geht, wenn man den Menschen offen begegnet. Gleich im Flugzeug kam ich mit meinem Sitznachbarn ins Gespräch: ein schwarzhaariger Nepalese mit tiefbraunen strahlenden Augen, der mir von seinem Land vorschwärmte. Rubin war ein wenig älter als ich und auf dem Weg zu der Hochzeit seiner Schwester Sabu. Wie spannend! Ich wollte genau wissen, wie man in dem für mich unbekannten Land heiratete und fragte Rubin den ganzen Flug über aus.

Als die ersten Bergspitzen des Himalayas durch die Wolkendecke blitzten, machte mir Rubin den Vorschlag, dass ich seine Eltern, die ihn abholten, kennenlernen sollte. Vielleicht könnte ich auch bei der Hochzeit in sechs Wochen dabei sein. Vorher sollte ich mir eine Trekkingtour durch den Himalaya nicht entgehen lassen. Die ersten Schritte im fremden Land wurden einfacher als geglaubt. Rubins Vater, ein rundlicher Nepalese mit einem breiten Grinsen, schloss mich gleich bei der Ankunft in seine Arme. Sein Englisch war in etwa so gut wie mein Nepali, aber wir lachten uns einfach an und ich spürte sofort, dass ich Mr. Ramudamu vertrauen konnte. Beim Trampen durch Europa hatte ich gelernt, diesem Bauchgefühl zu vertrauen und warum sollte es hier in Nepal anders sein als zu Hause? Selbstverständlich war ich nach meiner Trekkingtour herzlichst zur Hochzeit willkommen. Rubin und sein Vater kritzelten mir die Adresse eines Verwandten in Pokhara auf einen Zettel, der mir bei der dreiwöchigen Tour um das Annapurna-Massiv helfen sollte, umarmten mich nochmals, und verschwanden mit ihrem kleinen, klapprigen Auto in einer großen Staubwolke.

Nun war ich wirklich auf mich allein gestellt. Aber ich hatte einen Plan und verschwendete keine Gedanken an zu Hause. Ich vergaß sogar, meine Mutter zum ausgemachten Zeitpunkt anzurufen, so aufgeregt war ich, endlich weit weg zu sein. Als ich wieder an zu Hause dachte, war ich schon längst ohne Telefonempfang im Himalaya unterwegs. Zum Glück war meine Mutter Kummer gewohnt und konnte zumindest darauf vertrauen, dass sie es mitbekommen würde, wenn mir etwas passiert wäre. Wobei ich im Nachhinein nicht glaube, dass mich irgendjemand gefunden hätte, wenn mir wirklich etwas passiert wäre. Beispielsweise stürzte ich am sechsten Tag meiner Trekkingtour von einem glitschigen Wasserfall knapp zehn Meter in die Tiefe und lag mehrere Stunden bewusstlos im seichten Wasser, bis mich zufällig ein Australier fand. Er erklärte mir, dass man in den Bergen immer zu dritt unterwegs sein sollte – er selbst reiste aber auch alleine. Von nun an wanderten wir gemeinsam weiter. Der Unfall hatte mir einen Schrecken eingejagt, zusätzlich machte mir die Höhe von über 5000 Metern zu schaffen. Doch nach ein paar Tagen gewöhnte ich mich auch daran und fühlte mich rundum fit und gesund. Nur an eines konnte ich mich nicht gewöhnen: An die nepalesischen Bergbewohner. Im Stechschritt zogen alte Mütterchen mit vollbeladenen Kraxentragen an mir vorbei. Männer mit Beinen so dünn wie meine Arme trugen scheinbar mühelos ihre Lasten den Berg hinauf und waren etwa doppelt so schnell wie wir angeblich gut trainierten Menschen aus dem Westen. Unglaublich!

Drei Wochen vergingen viel zu schnell. Ich verabschiedete mich von meinem australischen Lebensretter und trat die Reise zu Familie Ramudamu in den Süden des Landes an. Kaum klingelte ich an der Tür, öffnete sich diese und ich wurde mit lauten Rufen begrüßt und von unzähligen Frauen und Kindern umarmt. Rubin hatte schon viel von mir erzählt und seine Familie freute sich, dass jemand aus dem fernen Europa bei dem bedeutenden Fest mitfeiern wollte. Schnell fand ich meinen Platz in der Familie: bei den Frauen und Kindern in der Küche. Zugegebenermaßen fiel es mir etwas schwer, die traditionelle Rollenverteilung zu akzeptieren, doch das war nicht das einzige, womit ich zu kämpfen hatte, denn alles, was ich bisher über Familie und Hochzeit gedacht hatte, wurde hier über den Haufen geworfen. Mein nepalesischer »Vater« war mit zwei Frauen verheiratet. Eine für die Küche, die andere Frau für das Bett. Für mich noch schlimmer war, dass die drei Eltern die Hochzeit von Rubins Schwester Sabu arrangiert hatten. Sabu traf ihren Ehemann Mohan bei der Hochzeit zum zweiten Mal überhaupt. In der Hochzeitsnacht weinte sie bitterlich und hatte große Angst, aber sie vertraute ihren Eltern, dass sie nur das Beste für sie wollten. Heute sind Mohan und Sabu noch immer zusammen, wohnen in England in einem hübschen Einfamilienhaus, haben drei wunderbare Kinder und sind sehr glücklich. Ich habe von Sabu und ihrer Familie gelernt, nicht vorschnell über fremde Kulturen zu urteilen. Trotzdem kann ich mir nicht vorstellen, dass mir meine Mama einen Ehemann aussuchen würde, mit dem ich zufrieden wäre.

Die nächste Station meiner Reise war Thailand. Dort hielt ich es nur fünf Tage aus – das Land war mir zu voll, zu dreckig, zu laut. Nach der Stille und Einsamkeit im Himalaya und der wunderbaren Zeit bei meiner nepalesischen Familie sehnte ich mich nach Ruhe. Ich flog früher als geplant nach Australien und fand die Einsamkeit im Outback. Unter anderem trampte ich mit Lkws durch das ganze Land, weil ich mehr über die Arbeit der Roadtrain-Fahrer wissen wollte. Mein Geld war schon lange aufgebraucht, doch ich konnte unterwegs immer arbeiten, um mir Unterkunft und Verpflegung zu verdienen. So auch in Neuseeland: Dort arbeitete ich auf einer Schaffarm und als Begleiterin von Bustouristen.

Mein halbes Jahr Weltreise war fast vorbei und ich war traurig, als ich das Flugzeug bestieg, das mich zur letzten Station meiner Reise bringen sollte: nach West-Samoa. Und dort … dort verliebte ich mich. Das Meer schimmerte türkisfarben. Der Passatwind kräuselte die Oberfläche und brachte eine warme Brise mit sich. Die Luft roch nach Südseeblumen, die Palmen raschelten leise im Wind. All das bemerkte ich nur nebenbei. Denn direkt vor mir lag meine Bestimmung, die mich elektrisierte: Ein Schiff! Es sah aus wie das Piratenschiff aus meinen Kindheitsträumen. Schwarzer Rumpf, weiße Aufbauten, drei leicht nach hinten geneigte Masten mit

Leitern und unzähligen Leinen. Das Schiff wirkte wie auferstanden aus einer vergangenen Zeit. Ich spürte sofort, dass ich mitfahren musste. Egal wohin und egal mit wem. Ich stand am Ufer und rief hinüber, um auf mich aufmerksam zu machen.

Der Skipper schrieb später in sein Tagebuch: »*Am Ufer stand ein Mädchen, barfuß im Batikkleid. Sie wirkte verloren, wie ein Überbleibsel aus der Hippie-Zeit. Aber von ihrer Stimme ging eine solche Kraft aus, dass ich die Jungs ausschickte.*«

An Deck rührte sich trotz meines Rufens nur wenig. Ein Mann streckte kurz den Kopf nach oben und verschwand gleich wieder. Aber Aufgeben kam für mich nicht infrage. Und tatsächlich erschien ein Beiboot, bei dessen Näherkommen ich sah, dass vier kräftige Männer mit nacktem Oberkörper auf mich zu ruderten. Mein Herz rutschte in meine Hose und mein Mut gleich mit. In jeder anderen Situation hätte ich mich selbst für verrückt erklärt, mit vier unbekannten Männern in ein Boot zu steigen. Aber ich wusste einfach nur: Das mache ich jetzt! Als die braungebrannten Muskelprotze mich fragten, was ich denn wolle, erwiderte ich: »Ich möchte mit dem Skipper reden. Ich will bei euch mitfahren.«

Die Jungs lachten und ein Blondschopf mit blauen Augen meinte: »Dann komm mal mit. Der Skipper heißt Evan, aber ich warne dich gleich: Er ist etwas eigen.«

Zehn endlose Minuten dauerte die schweigende Überfahrt und mit jeder Minute wurde ich unsicherer.

Wir legten seitlich am schwarzen Stahlrumpf an. Ich griff nach einer Tauleiter und kletterte an ihr nach oben über die Reling. In dem Moment, wo meine Füße den Schiffsboden berührten, fühlte es sich an, als würde ich nach Hause kommen. Meine Unsicherheit war auf einen Schlag verflogen. Der Skipper musterte mich von oben bis unten, fast so, als könne er durch mich durchschauen. »Was willst du?«, fragte er mit leiser, aber durchdringender Stimme.

Ich schaute ihm direkt in die Augen: »Ich will bei euch mitfahren.«

»Du bist ja sehr entschlossen. Kannst du wenigstens kochen?«

»Natürlich!« Im selben Moment hätte ich mir am liebsten auf die Zunge gebissen. Ich konnte doch gar nicht kochen! Aber dafür war es nun zu spät. Evan hielt mir seine Hand zum Einschlagen hin: »Willkommen an Bord.« Ich griff zu und drückte seine Hand, so fest ich konnte.

Sehr zu ihrem Leidwesen stellte die Mannschaft recht schnell fest, dass ich gar nicht kochen konnte. Aber da waren wir schon längst auf hoher See. Meine Lasagne erinnerte eher an Erbrochenes als an ein traditionelles italienisches Gericht. Ich war nicht nur als Köchin unbrauchbar, sondern war auch noch nie in meinem Leben auf einem Segelboot gewesen. Die Seekrankheit hatte mich schnell im Griff, aber meine freche Schummelei brachte immerhin alle zum Lachen und niemand kam auf die

Idee, mich einfach über Bord zu werfen. Zum Glück lernte ich rasch, mich auf dem Schiff zurechtzufinden und ganz passabel zu kochen. Vor allem das Kochbuch *101 Rezepte aus Bohnen* lernte ich in- und auswendig.

Auf *Alvei* war es, als wäre die Zeit stehen geblieben. Es gab keinen Strom, keinen Kühlschrank, keine Gefriertruhe, nur einen gasbetriebenen Herd mit Platz für einen Topf. Es gab kein Süßwasser zum Waschen, geduscht wurde mit Salzwasser. Bei starkem Wind von Steuerbord war die Toilette aufgrund der Schräglage des Bootes nicht benutzbar – für die Jungs einfach lösbar, aber ich hatte das Nachsehen. Die Segel wurden von Hand gehisst und es galt, über sechs Kilometer Leinen auseinanderzuhalten und 600 m^2 Segelfläche zu pflegen. Das Schiff war 32 Meter lang und teilweise waren wir bis zu 18 Mann Besatzung. Meine längste Zeit auf See waren 34 Tage, ohne je Land zu sehen. Jeden Tag wurde das Deck mit Salzwasser geschrubbt, einmal im Monat wurde die Takelage geteert. Für mich ist der Geruch von Teer seitdem mit *Alvei* und meiner Zeit an Bord verknüpft.

Den Beginn meines Studiums in Deutschland verschob ich und verbrachte ein Jahr auf dem Schiff. Meiner Mutter jagte ich einen gewaltigen Schrecken ein, als ich am versprochenen Ankunftstag nicht am Flughafen in Frankfurt erschien und ihr aufgrund fehlender Telefonzellen auf Tonga erst drei Tage später sagen konnte, dass ich noch ein Jahr länger bleibe.

Das Schiff segelte für verschiedene Hilfsprojekte durch den Pazifik und für mich war *Alvei* die beste Schule des Lebens. Hier lernte ich, Verantwortung zu übernehmen, zu meinen Missgeschicken zu stehen, anderen Menschen gegenüber tolerant zu sein, aber trotzdem meine Meinung zu äußern. Ich lernte vor allem, dass mir meine Familie doch mehr bedeutete, als ich geglaubt hatte. Zweifellos hatte ich viel falsch gemacht und sowohl meiner Mami als auch meiner Schwester viel Kummer bereitet. Und dennoch waren und sind sie trotz allem immer für mich da. Das weiß ich bis heute sehr zu schätzen.

Nach einem Jahr und sechs Monaten Weltreise kehrte ich nach Deutschland zurück und begann, Geografie in Mainz zu studieren. Das Studium machte mir riesigen Spaß und ich bekam Anerkennung durch gute Noten. Aber die Sehnsucht nach Reisen und der Ferne blieb. Zum Glück waren die Semesterferien lang genug und ich wollte zurück auf »mein« Schiff. *Alvei* segelte zu der Zeit gerade in Vanuatu, um Medikamente auf die entlegenen Inseln zu bringen. Dort wollte ich schon immer hin, denn auf der Insel Ambrym gibt es einen aktiven Vulkan, wo man angeblich Lava sehen konnte. Mein Kindheitstraum hatte mich die ganze Zeit nie losgelassen und mein Geografiestudium hatte den Wunsch noch verstärkt, einmal einen aktiven Vulkan zu sehen. Kurz entschlossen kaufte ich ein Ticket nach Vanuatu und setzte mich in den Flieger.

Kapitel 2

Erste Expedition nach Vanuatu

Im Flieger war es heiß und stickig. Vor Aufregung bekam ich kein Auge zu und blickte aus dem Fenster. Unter mir lag der unendlich weite Pazifik mit Inseln aus kleinen Punkten und Wattewölkchen darüber. Wir waren irgendwo zwischen Los Angeles und Neuseeland. Was mich wohl erwartete? Um mir die Zeit zu vertreiben, machte ich im Gang Streckübungen. Auf den Sitzen vor mir schliefen zwei erschöpft ausschauende Enddreißiger, die Beine mit alten, matschigen Wanderschuhen an den Füßen weit von sich gestreckt. Beide hatten ungewaschenes blondes Haar, einen Schon-mehr-als-drei-Tage-Bart und trugen ältere, aber durchaus taugliche Outdoor-Klamotten. Ich lachte still in mich hinein, als ich fit und munter herumhüpfte, und fragte mich, was die beiden wohl beruflich machten. Der links sitzende der beiden öffnete die Augen und erwischte mich dabei, wie ich ihn musterte. Ich kam mir ertappt vor und es war mir peinlich. Aber er grinste und sagte einfach nur: »Hallo.« Wir kamen schnell ins Gespräch. Er hieß Chris, kam aus Karlsruhe und war gemeinsam mit seinem

Freund Carsten zu einer Expedition für *National Geographic* unterwegs. Ich wurde natürlich sofort hellhörig.

Später schrieb ich in mein Tagebuch als Eintrag: »*Hat jemand meine Träume erhört?*«

Mit achtzehn Jahren hatte ich meinen ersten Artikel in dem Magazin *Die Junge Wissenschaft* veröffentlicht. Dem Herausgeber Professor Paul Dobrinski gefielen mein Artikel und die Bilder so gut, dass er mir ein Abonnement für die Zeitschrift *National Geographic* schenkte: »Hier arbeiten die weltweit besten Fotografen und Journalisten. Ulla, eines Tages möchte ich deine Arbeit in diesem Heft sehen.« Seitdem verschlang ich die Texte und verbrachte meine Zeit damit, die Bilder zu analysieren und den Stil zu imitieren. Mein Ehrgeiz war geweckt: Irgendwann wollte ich für das Magazin arbeiten. Und nun standen, beziehungsweise lagen zwei Männer vor mir, die diesen Traumberuf ausübten. Für mich sah das aus wie ein Wink des Schicksals. Die beiden waren auf dem Weg zu einer entlegenen Insel.

Chris fügte hinzu: »Aber die kennst du bestimmt nicht, auch das Land kennt kaum einer. Hast du schon einmal von Vanuatu gehört?« Und ob ich davon gehört hatte!

»Oh, das gibt es doch nicht, da fliege ich hin. Ich treffe meine Freunde und mein Schiff auf der Insel Ambrym, da gibt es einen aktiven Vulkan, den ich mir anschauen will.«

Chris war überrascht: »Was für ein Zufall! Da wollen wir auch hin!«

Doch unser Flieger landete mit Verspätung in Neuseeland – zu spät, um noch den Anschlussflug nach Vanuatu zu bekommen. Nach viel Überzeugungsarbeit brachten wir die Fluggesellschaft dazu, uns ohne Zusatzkosten über Australien nach Vanuatu zu fliegen. Ich kannte mich in Neuseeland gut aus und besaß nützliche Kontakte, so konnte ich Chris und Carsten behilflich sein. Die Damen von der Fluggesellschaft dachten allerdings, wir würden gemeinsam reisen und brachten uns zusammen in einem Zimmer unter. Als ich es bemerkte, war es zu spät zum Reklamieren und so bezog ich in unserem Zimmer die Couch. Ein bisschen Angst hatte ich schon, die Nacht mit zwei quasi unbekannten Männern in einem Zimmer zu verbringen, die beide fast 20 Jahre älter als ich waren. Grundsätzlich habe ich aber ein gutes Gespür für Menschen und gelernt, diesem Gefühl zu vertrauen, so wie ich es auch bei den beiden tat. Als ich meine Bedenken ansprach, lachten sie mich aus und ärgerten mich damit so lange, bis meine Angst verflogen war. Sie waren wirklich sehr nett! Carsten mit seinen zerzausten Haaren, seiner Schlagfertigkeit, den funkelnden Augen und Chris mit seinem ansteckenden Lachen und seiner herzlichen Art.

Am nächsten Morgen flogen wir gemeinsam weiter nach Brisbane. Am Zoll gab es Ärger: Chris und Carsten reisten mit weit mehr als 500 Kilogramm Gepäck und durften alles auspacken und vorzeigen. Zum allerersten Mal lernte ich die Unannehmlichkeiten kennen, die einen erwarten können, wenn man mit viel Gepäck reist. Wir packten alles wieder ein und rannten über den Flughafen, um in allerletzter Sekunde gerade noch unseren Flieger zu erwischen. Ich fiel in meinen Sitz zwischen Carsten und Chris, streckte wie sie die Beine von mir und schlief erschöpft ein.

Endlich im tropischen Paradies angekommen fiel mir ein, dass meine Unterkunft für den Vortag reserviert war, unserem ursprünglichen Ankunftstag, und es war viel zu spät dafür, eine neue preisgünstige Unterkunft zu finden. Carsten und Chris erlaubten mir netterweise, mich ihnen anzuschließen und so schlief ich wieder eine Nacht auf der Couch.

Als ich aufwachte, blinzelten mich die Augen von Carsten an. Er gefiel mir. Aber er war neunzehneinhalb Jahre älter als ich und außerdem wollte ich bei der Expedition mit dabei sein. Das hatte ich mir in den Kopf gesetzt. Ich wusste nur noch nicht, wie ich das erreichen sollte, aber so bestimmt nicht. Wenn die beiden mich dabeihaben wollten, sollten sie das wegen meiner Fähigkeiten und nicht aus irgendeinem anderen Grund tun. Aber ein gewisses Kribbeln musste ich mir schon eingestehen.

Carsten und Chris trafen sich am nächsten Tag mit den anderen Expeditionsmitgliedern, während ich versuchte, einen neuen Flug nach Ambrym zu bekommen. Allerdings ging der nächste Flug erst wieder in einer Woche und deshalb fragte ich Carsten, ob ich bei seinem Charterflug mitfliegen dürfte. »Ich kann auch bezahlen und zusätzlich als Dankeschön am Abend für euch kochen.« Zu meiner großen Freude willigte er ein und so stieg ich zum ersten Mal in meinem Leben in ein kleines Flugzeug, in eine Twin Otter. Carsten grinste wie ein glücklicher Junge über das ganze Gesicht – eine Maschine nur für uns! Er hatte das Flugzeug mit dem Geld von *National Geographic* gechartert. Es war sein erster großer Auftrag für das nicht nur unter Fotografen legendäre Magazin.

Für mich war es das erste Mal, den Piloten bei der Arbeit zuschauen zu können. Die Tür zum Cockpit war geöffnet und ich blickte auf viele Knöpfe, Räder und Schaltknüppel. Man konnte auch Drähte sehen, die aus den Wänden hingen. Ich fragte mich, ob das so sein sollte, denn das Flugzeug erschien mir sehr alt und klapprig.

Wenn ich heute in mein Tagebuch blicke, steht dort mit wackliger Schrift während des Fluges geschrieben: *»Los geht's! Freude, Aufregung. Die Motoren surren lauter. Wahnsinn – das ist atemberaubend, unwirklich. Solche Schönheit gibt es nicht – oder doch? Wir fliegen über die Weite, das offene Meer. Dann über unzählige Canyons, Kliffe, rauchende Vulkane in Sicht. Unberührte Wildnis – wer hat je diesen Ort betreten? Unwirklich. Das Wort trifft es am besten. Welche Welt! 40 Minuten sind viel zu kurz, um es glauben zu können.*

Wir landen in Craig Cove auf einer schwarzen Aschepiste. Unglaublich!«

Fast noch schöner als der herrliche Flug war nach der Ankunft unser Bad in den Wellen am schwarzen Strand. Wir schleppten unser Gepäck vom Flugzeug auf die Ladefläche von zwei offenen Pick-ups. Die Sonne brannte und wurde von der Asche der Landebahn reflektiert. Es war sehr schwül, mir lief der Schweiß in Strömen vom Körper. Als wir endlich fertig waren, warfen wir einfach unsere Klamotten ins Gras und sprangen ins Wasser. Wie gut das tat! Wir tollten wie Kinder umher und bespritzten uns gegenseitig. Immer mehr Menschen kamen an den Strand gelaufen, um zu schauen, warum wir so lachten. Die Erwachsenen setzten sich etwas abseits in den Schatten eines Baumes. Die Kinder kicherten und versuchten, sich gegenseitig ins Wasser zu schubsen. Aber keiner traute sich, zu uns zu kommen. Alle schauten uns nur verwundert zu. Ich fragte mich, wie viele weiße Menschen sie schon jemals gesehen hatten.

Auf Ambrym leben etwa 7000 Menschen und einmal in der Woche kommt, oder vielleicht auch nicht, ein Flugzeug vorbei. Je nach Laune der Fluggesellschaft. Die Insel ist 678 Quadratkilometer groß und im Inselinneren thront ein riesiger Vulkan. Die Menschen siedeln in verstreuten Orten an der Küste und nur wenige der Dörfer sind mit einer Straße verbunden – es gibt nur 30 Kilometer unbefestigte Straße.

Wenn man die Menschen im Norden der Insel besuchen wollte, nahm man ein Boot, wenn man vom Westen in den Osten wollte, ging man zu Fuß über den Vulkan. Wir waren im Westen der Insel gelandet und holperten 20 Kilometer in den Süden bis zum Ende der Straße. Die Reise am Meer entlang dauerte knapp zwei Stunden und das Baden hätten wir uns getrost sparen können: Die Autos wirbelten so viel Staub auf, dass wir nach kurzer Zeit gepudert waren und es zwischen den Zähnen knirschte. Chris meinte, daran könne ich mich gleich gewöhnen, denn auf dem Vulkan sei es noch viel staubiger.

Wir hielten an einer Wiese im Dschungel mit mehreren kleinen Gebäuden, die im Gegensatz zu den Hütten, die wir bisher gesehen hatten, aus Beton gebaut waren. Mir wurde erklärt, das sei Schule und Krankenstation zugleich. Heute jedoch sei keiner krank und es wolle auch keiner zum Unterricht. Deshalb konnten wir dort Quartier beziehen und ich machte mich gleich ans Kochen, wie ich es versprochen hatte. Im Schulgebäude gab es eine Feuerstelle. Unvorstellbar, in Deutschland im Klassensaal ein offenes Feuer anzuzünden! Hier war es offenbar ganz normal. Es gab sogar Feuerholz, ein paar Kokosnüsse und einen großen Topf. Ich war alleine, während die anderen zu einer Kava-Zeremonie mit dem Dorfhäuptling eingeladen waren – ein Ritual nur für Männer, für die tapferen Krieger. Die Frauen kochten währenddessen zu Hause am Feuer das Essen. So wie ich.

Als die Expeditionsmitglieder mit unserem einheimischen Guide Jimmy von der Kava-Zeremonie zurückkamen, war ich gespannt, wie mein Gemüsecurry mit selbst gepresster Kokosmilch ankommen würde. Es schmeckte allen Expeditionsmitgliedern sehr gut! Zum Glück profitierte ich mittlerweile von den Kochkünsten, die ich auf *Alvei* gelernt hatte. In einer Woche hatte ich mich auf der anderen Seite der Insel mit dem Skipper Evan verabredet und wollte vorher die Zeit nutzen, den Vulkan zu erkunden. Und auf einmal stand beim Nachtisch aus frischer Ananas die Idee im Raum, dass ich während der Expedition für die Gruppe kochen könnte. Wahrscheinlich dachten alle, dass es einfacher wäre, mich im Team anstatt ständig im Weg zu haben. Oder ihnen hat mein Essen wirklich geschmeckt und sie merkten, dass es hilfreich wäre, jemanden dabeizuhaben, der sich zuverlässig um die Verpflegung kümmern würde. Warum ich mitdurfte, war mir ohnehin egal. Ganz aufgeregt umarmte ich den Nächstbesten, unseren Guide Jimmy, einen 1,95 Meter großen Hünen mit Hinkefuß.

Jimmy stand wie versteinert und wusste nicht, was er mit mir anfangen sollte. Offen Zuneigung zu zeigen ist in Vanuatu eher unüblich, Umarmungen zwischen fremden Männern und Frauen erst recht. Ich erschrak über mich selbst. Hatte ich ein Tabu gebrochen? Das wollte ich nicht. Ich wusste nichts von der Kultur Vanuatus und hatte sehr große Angst davor, Fehler zu machen. Die Expeditionsmitglieder und die Einheimischen, die zur Besprechung der Expedition gekommen waren, schauten mich an. Und dann fingen alle zu lachen an. Mir blieb nichts anderes übrig, als mitzulachen. Zu komisch war die Situation. Mit meinen 1,60 Meter reichte ich Jimmy noch nicht einmal bis zur Brust.

Überglücklich baute ich mein Zelt auf, doch in dieser Nacht bekam ich kaum ein Auge zu. Ich war viel zu aufgeregt und außerdem krähte ein Hahn die ganze Nacht direkt vor meinem Zelt. Ich dachte immer, die Hähne würden nur morgens krähen. Als ich endlich eingeschlafen war, weckte mich Carsten: »Aufstehen, Schlafmütze, wir müssen los!« Verschlafen krabbelte ich aus meinem Zelt. Um mich herum waren ungefähr 60 Männer versammelt. In Lalinda wohnten nicht mehr als 200 Personen. Wahrscheinlich war das die komplette Männerpopulation dieses Ortes. Wir benötigten sie alle als Träger, um das Expeditionsgepäck auf den Vulkan zu schaffen. Alles wurde in Taschen und Rucksäcke aufgeteilt und abgewogen. Mein eigener Rucksack, den ich selbstverständlich selbst trug, war schnell gepackt und außer im Weg herumzustehen, konnte ich nichts mehr tun. Ich versuchte, irgendwo im Dorf Früchte oder Gemüse zu kaufen, aber vergeblich. Die Menschen hier mussten nichts verkaufen, denn alles was sie brauchten, bauten sie im eigenen Garten an. Wenn sie einmal etwas essen wollten, das sie nicht hatten, wurde einfach getauscht. Die Menschen, denen ich begegnete, lächelten freundlich. Ein weißhaariger Mann bat mich, am Feuer Platz zu nehmen. Er wollte mir eine Flasche Kokosnussöl schenken, musste es aber erst abfüllen. Das wollte ich mir natürlich nicht entgehen lassen, aber ich hätte fast den Abmarsch verpasst, weil das Abfüllen so lange dauerte!

Der erste Aufstieg

Die Karawane aus 51 Trägern und unzähligen Hunden hatte sich schon in Bewegung gesetzt, als ich sie erreichte. Wir liefen an einem alten Flussbett aus schwarzer Vulkanasche entlang. Die Hitze war unerträglich und es war unbeschreiblich schwül. Ich sank bei jedem Schritt in die Asche ein und das Marschieren war mühsam. Ich versuchte aber, mir nichts anmerken zu lassen. Ich wusste nicht einmal, wie lange wir laufen mussten, aber ich traute mich auch nicht, zu fragen. Ich wollte dabei sein und nicht als Last wahrgenommen werden, schon gar nicht von Carsten, der genug Arbeit hatte. Ständig rannte er nach vorne, stellte sich in Position, wartete, bis die Trägerkarawane vorbeilief, machte einige Fotos, verpackte seine Kamera wieder in seiner roten Umhängetasche und rannte weiter. Ich versuchte indessen, mich mit einem der Träger zu unterhalten.

Die Nationalsprache Vanuatus heißt Bislama, aber es gibt insgesamt 110 eigenständige Sprachen, die sich auf die 250 000 Bewohner aufteilen. Damit ist Vanuatu das Land mit der höchsten Sprachendichte der Welt. Auf 2200 Einwohner kommt eine Sprache.

Der Träger, der ungefähr in meinem Alter war, lief schon seit einiger Zeit neben mir her. Er hatte kleine Rastazöpfchen, die in alle Richtungen abstanden. Ich verstand nicht viel, aber zumindest, dass er Ronny hieß. Er brachte mir bei, wie man auf Bislama nach dem Namen fragt: «*Wannem nem blong yu?*« Die Sprache ist eine Mischung aus Englisch, Französisch und lokalen Ausdrücken. Sie wurde unter anderem von den ersten Missionaren benutzt, damit sich die Stämme untereinander verständigen konnten. Früher herrschten hier viele Kriege und selbst der letzte dokumentierte Fall von Kannibalismus lag erst 30 Jahre zurück. Ich konnte mir kaum vorstellen, dass man Fremden hier nicht immer so freundlich begegnete! Ronny fragte mich etwas und grinste. Mir schien es, als wollte er herausfinden, ob ich einen Freund hatte und ich hielt es für klüger, einfach mal mit Ja zu antworten. Ronny strahlte über das ganze Gesicht und hielt mir die Hand zum »high five« hin. Jahre später verriet er mir, dass er gefragt hatte, ob ich mit Carsten verheiratet sei. So entstehen also Gerüchte.

Unser Aufstieg war zwar beschwerlich, aber mit viel Lachen ging es dann doch etwas schneller – bis wir an eine 30 Meter hohe Wand aus schwarzem Lavagestein gelangten. Die Träger schwebten leichtfüßig mit ihren schweren Lasten wie auf einem unsichtbaren Weg nach oben. Mir wurde schon beim Anblick dieser Wand schwindelig. Doch es gab eine Art Weg nach oben, vorausgesetzt man konnte gut klettern. Ich brauchte meine beiden Hände und auch die Unterstützung von Ronny, der mich hochzog. Oben auf dem Felsen angekommen, grinste ich erleichtert und zufällig direkt in die Kamera von Carsten, der sich sehr darüber ärgerte. Als Fotograf wollte er stets unbemerkt bleiben und konnte erst recht niemanden gebrauchen, der direkt in seine Kamera schaute. Von hier oben wollte er die Trägerkarawane fotografieren und ich hatte sein Bild ruiniert. Ich entschuldigte mich verlegen und lief rasch weiter.

Wir verließen das ausgetrocknete Flussbett und wanderten auf einem schmalen Pfad durch den Urwald. Ronny lief vor mir und schnitt mit seiner Machete die Lianen durch. Der Weg wurde stetig steiler. Mit zunehmender Höhe veränderte sich auch die Vegetation. Die Kokospalmen und großen Hartholzgewächse wichen Baumfarnen und kleineren Sträuchern, die mit Moosen und Flechten behangen waren. Mein Rucksack fühlte sich schwerer und schwerer an. Wir waren schon fast fünf Stunden in der Hitze nach oben gelaufen und der Weg wurde immer noch steiler und steiler. Ich benötigte beide Hände, um mich an den Baumwurzeln nach oben zu ziehen. Unter dem Blätterdach staute sich die Hitze. Als Kind hatte ich einmal das Tropenhaus des Frankfurter Senckenberg Museums besucht und war der Meinung, dass es nirgends auf der Welt so schwül sein konnte wie dort. Ich hatte mich getäuscht. Vanuatu war noch extremer. Der Schweiß lief mir in Strömen über den ganzen Körper. Ich fragte mich, ob meine Kleidung im Rucksack wohl trocken bleiben würde und wollte gerne eine Pause machen, um nachzusehen und zu verschnaufen. Aber ich traute mich nicht. Ich wollte die Expedition nicht aufhalten und nicht nochmals unangenehm auffallen. Erst recht sollte keiner glauben, dass ich den Anforderungen nicht gewachsen war. Ich schleppte mich weiter und lief den anderen hinterher. Auch Ronny und die anderen Träger schwitzten unter den großen Lasten im schwülen Dschungel.

Plötzlich stand ich vor einer großen Düne aus schwarzer Asche und schnappte nach Luft: Ich versuchte, irgendwie nach oben zu gelangen, rutschte jedoch für jeden Schritt nach vorne zwei Schritte zurück. Als ich schließlich oben ankam, blieb mir wieder die Luft weg. Diesmal aber vor Staunen.

Das Zuhause in der Ascheebene

Eine riesige graue Ascheebene breitete sich vor mir aus, kreisförmig eingerahmt von einer grünen Hügelkette. In der Mitte rauchten zwei Vulkane majestätisch vor sich hin. Zwei kilometerhohe gelb-schwarze Gaswolken stiegen elegant nach oben und lösten sich im blauen Pazifikhimmel auf. Es sah aus, als würde jeden Moment ein Dinosaurier um die Ecke biegen. So stellte ich mir den Anfang des Lebens auf der Erde vor. Zu meinen Füßen wuchsen Moose, die wie Würmer aussahen und neongrüne Farne. Ein paar Meter weiter blühten lila Orchideen. Weiter draußen in der Ascheebene konnte ich ein ausgetrocknetes Flussbett entdecken, die Hänge der beiden Vulkane waren durch tiefe Täler und Schluchten zerfurcht. Diese Landschaft war das Ursprünglichste, das ich je gesehen hatte und sie war einfach wunderwunderschön. Die Szenerie wurde von einem weichen, orangefarbenen Licht bestrahlt. Die Sonne schien durch die gelben Gaswolken und wurde dadurch abgeschwächt. Es fühlte sich an, als wäre es kurz vor Sonnenuntergang, aber es war erst später Mittag. Ich fror, denn die Sonne wärmte nicht mehr so stark und über die Ebene fegte ein kalter Wind. Ich war vom Aufstieg nassgeschwitzt. Hier oben auf knapp 1000 Meter über dem Meeresspiegel war es mit zirka 15 °C merklich kühler. Ich suchte meine Jacke, zog sie aus dem Rucksack, und spürte, dass sie durch meinen Schweiß während des Aufstieges nass geworden war. Auch der Rest meiner Klamotten, inklusive Schlafsack, war durchnässt. Ich biss die Zähne zusammen, sodass keiner ihr Klappern hören konnte, und lief weiter den Trägern nach und auf ein kleines Wäldchen zu. Hier wuchsen niedrige Palmen, Baumfarne und Sträucher und hier hörte der Wind mit einem Schlag auf. Mir kam es vor wie eine Oase inmitten dieser lebensfeindlichen Landschaft. Hier sollte unser Zuhause für die nächsten Tage sein. Die Träger, die schon lange vor mir angekommen waren, errichteten einen Unterstand aus Plastikplanen, und Jimmy entfachte darunter ein Feuer. Das würde unsere Küche werden. Während Chris dabei war, sein Zelt aufzuschlagen, war Carsten immer noch am Fotografieren. Ich bewunderte seine Ausdauer. Ich war erst einmal erledigt und freute mich auf eine kurze Pause. Ich hatte gerade mein Zelt aufgebaut und meine nasse Kleidung zum Trocknen ausgelegt, als sich der Himmel verdunkelte und es zu regnen begann.

Leider war es kein warmer, tropischer Regen, der mit dicken Tropfen an heißen Tagen eine willkommene Abwechslung bietet und genauso schnell vorüber ist, wie er gekommen ist. Nein, es war ein kalter Regen, der durch den Wind herumgepeitscht wurde. Und es war saurer Regen. Wenn es über einem Vulkan regnet und die Tropfen durch die aus dem Vulkan aufsteigende Gaswolke fallen, nimmt der Regen die Chemikalien des Vulkans mit nach unten. Hinzu kommt, dass der Regen nur an diesem Ort fällt. Da, wo wir herkamen, war der Himmel blau, ebenso vor uns. Nur wo wir waren, regnete es. Ein Vulkan kreiert sein eigenes Wetter. Wenn die warmen Gase nach oben steigen, kühlen sie ab und aus Aerosolen, kleinsten Partikeln in den Gasen, können sich Kondensationskeime bilden. So entstehen Wolken und dann der Regen. In Geografie hatte ich gelernt, wie das Wetter entsteht, hier erlebte ich es.

Und wie es regnete! Es war ein durchdringender Regen, der bis in die Knochen ging. Alles war nass und klamm. Da war mein Job als Expeditionsköchin gar nicht so schlecht, denn ich konnte wenigstens am warmen Feuer sitzen. Doch unter der Plane rauchte und qualmte das Feuer fürchterlich. Ich musste husten und hatte tränende Augen. Zudem saßen schon alle Expeditionsteilnehmer erwartungsvoll ums Feuer und das Wasser kochte noch nicht einmal!

Hier oben gab es eigentlich kein Trinkwasser, alles war durch den Vulkan mit Chemikalien versetzt. Doch uns blieb keine andere Wahl, als es zu trinken. Da es nur sehr wenig Flüssigkeit aus einer kleinen Quelle gab, durften wir uns auch nicht waschen. Wir hatten genügend Essensvorräte, um drei Wochen hier oben ausharren zu können. Doch für so viele Menschen Wasser mitzuschleppen, das war unmöglich. Chris hatte schon die mitgebrachten Müsliriegel aus der Tonne geschüttelt und die Tonne aufgestellt, um Regenwasser aufzufangen. Ronny lief gerade mit zwei Freunden und Kanistern zur Quelle, die 20 Minuten zu Fuß entfernt war.

Jeder schien genau zu wissen, was seine Aufgaben waren, nur ich hatte meine Schwierigkeiten und war frustriert. Das Feuerholz war nass und wollte nicht so recht Hitze erzeugen. Auch das Wasser wollte nicht kochen. Vielleicht lag das auch an der Höhe. Ich drückte jedem Teammitglied erst einmal einen Müsliriegel in die Hand. Außer Carsten und Chris waren noch das französische Ehepaar Franck und Irene als Seilexperten dabei, der

Filmemacher Jeff und der Autor Don. Von unseren Trägern blieben Jimmy, Ronny und noch drei weitere bei uns, während sich die anderen auf den Rückweg ins Dorf machten. Sie mussten vor Einbruch der Dunkelheit wieder unten sein, denn sie hatten keine Taschenlampen dabei. Wir verabschiedeten uns von ihnen, kauerten uns unter der Plane zusammen, und warteten darauf, dass das Wasser endlich kochte. Ich wurde zunehmend nervöser und schämte mich, dass ich an meinem ersten Arbeitstag noch nicht einmal einfache Spaghetti rechtzeitig auf dem Tisch stellen konnte! Chris versuchte, mich zu trösten, aber Carsten sah verärgert aus.

Als die Dämmerung hereinbrach, hatte ich es endlich geschafft und unsere warme Mahlzeit war fertig. Nach dem Essen beratschlagten die anderen, wie die nächsten Tage ablaufen sollten, während ich versuchte, mit dem Regenwasser das Geschirr wieder halbwegs sauber zu bekommen. Erst jetzt wurde mir klar, dass Carsten hauptsächlich wegen des Wetters missmutig war und nicht wegen meiner Spaghetti. Das Team hatte wahrlich andere Sorgen als das Essen.

Für mich war es aber in dem Moment dennoch eine Erleichterung, nicht die Ursache für die Verstimmung zu sein. Denn es war mir wichtig, dass ich meine Aufgabe – und damit auch meine Rolle im Team – erfüllen konnte. Ich weiß noch genau, wie sehr es mich gefreut hat, als Carsten an jenem Abend, kurz bevor ich mich in das Zelt zurückziehen wollte, zu mir kam und mir sagte: »Danke, gut gemacht!«

Mehr brauchte es nicht und in dem Augenblick machte mein Herz einen kleinen Freudensprung.

Die erste Nacht

Die erste Nacht in unmittelbarer Nähe des Vulkans schlief ich tief und fest bis in die frühen Morgenstunden, dann wachte ich auf. Ich öffnete meine Augen. Um mich herum war es rot. Träumte ich? Ich musste kurz innehalten und überlegen, wo ich mich befand. Im Zelt. Gut. In Vanuatu, auch gut. Auf einem Vulkan. Ich öffnete den Reißverschluss meines Zelts und schaute in den blutroten Nachthimmel. Der Regen hatte eine Pause eingelegt. Der Widerschein des Vulkans fing sich in den Wolken und brachte sie zum Leuchten. So etwas Wunderbares und gleichzeitig Unwirkliches hatte ich noch nie gesehen! Außerhalb des kleinen Wäldchens hinter unserem Camp war ein Hügel, von dem aus man die Vulkane noch besser sehen konnte. Wie eine vom Licht angezogene Motte konnte ich nicht anders und kletterte hinauf. Vor mir lagen zwei glühende Vulkane, aus denen ein beständiges Lichtermeer aus roten und gelben Farben emporwallte und den Himmel bunt färbte. Die Milchstraße über mir war zur Hälfte von den Gasen verdeckt – einmal waren alle Sterne weg, dann waren sie wieder da.

Es war ein Kommen und Gehen dieses surrealen Farbnebels. Ich saß einfach nur da und staunte. Gefühlt stundenlang. Die Kälte der Nacht nahm ich gar nicht wahr.

Vor lauter Bewunderung hatte ich nicht einmal bemerkt, dass so viel Feuchtigkeit in der Luft war, dass ich ganz nass geworden war. Wieder einmal war meine Kleidung zum Auswringen. Mir war eiskalt. Ich wollte aufbrechen und zurück zum Zelt, als ich feststellte, dass ich den Weg nicht finden konnte. Der Dschungel sah überall gleich aus. Ich drehte mich im Kreis und merkte, wie Panik in mir aufstieg. Beim Tauchen hatte ich gelernt: »Anhalten, atmen und denken.« Ich versuchte, meine Panik zu unterdrücken, hielt inne und dachte nach. Ich musste ja einfach nur meinen Spuren hinterherlaufen! Wenn ich sie denn sehen würde. Ich hatte noch nicht einmal eine Taschenlampe dabei, so fasziniert und verträumt hatte ich vorher mein Zelt verlassen.

Aber wenn man möchte, geht fast alles und so fand ich irgendwann den Eingang zum Camp und mein Zelt. Ich zog meine nasse Kleidung wieder aus und kuschelte mich in meinen ebenfalls feuchten Schlafsack. Für mich hatte das große Abenteuer begonnen – und was für eins!

Kaum war ich im Zelt, setzte der Regen wieder ein. Es schüttete und schüttete und wollte nicht mehr aufhören. Die Nässe kroch in alles hinein. Ob Schlafsack, Zelt, Schuhe, Unterwäsche oder Handtuch: Nichts blieb trocken. Wenn ich mir jemals Gedanken über das Waschen gemacht hatte, waren diese eindeutig unbegründet. Alles schien zu schwimmen und auch die Laune im Camp geriet ins Rutschen.

Keiner war hergekommen, um herumzusitzen und sich von mir bekochen zu lassen. Ich merkte aber, wie das Essen das Hauptereignis des Tages wurde und bemühte mich jedes Mal, mir etwas Besonderes einfallen zu lassen. Einmal sammelte ich mithilfe von Jimmy Baumfarne, die weichgekocht wie Spinat schmeckten. Ein anderes Mal zeigte mir der gutmütige Riese Palmherzen. Für ein Herz musste man zwar die ganze Palme fällen und die Zubereitung war auch sehr mühsam, aber um die Laune im Camp zu steigern, war ich bereit, alles zu geben.

Den essbaren Teil der Palme musste man aus dem hölzernen Stamm ausschälen und dann ganz fein schneiden, sonst schmecken Palmherzen holzig. Mit dem mir zur Verfügung stehenden stumpfen Küchenmesser war das nicht machbar, also schnitt ich mit Jimmys großer Machete und benutzte meine andere Hand in Ermangelung eines Schneidebrettes.

Jimmy, der als Baby in das Kochfeuer gerollt war, dabei ein paar Zehen eingebüßt hatte und seitdem hinkte, wurde zu meinem Verbündeten. Gemeinsam dachten wir uns viele verschiedene Dinge aus, um die eintönige Nahrung, bestehend aus Nudeln, Fertiggerichten und Schiffszwieback, abwechslungsreicher zu gestalten.

Ich wurde zur Expertin, was das Anzünden von nassem Feuerholz betraf und die Garzeiten konnte ich mittlerweile auch besser abschätzen. Ich hatte mir eine kleine Küche unter der Plane eingerichtet und verbrachte die meiste Zeit damit, die Vorräte hin und her zu räumen, weil die Plane ständig an einer anderen Stelle leckte.

Nach einer gefühlten Ewigkeit – in Wirklichkeit waren es aber nur wenige Tage – konnten wir endlich aufbrechen. Über uns lag noch immer eine dicke Wolkendecke, aber es regnete nicht mehr.

Wir liefen in Richtung Marum los. So heißt einer der aktiven Vulkane. Gemeinsam mit Benbow, Niri Mbwelesu (was übersetzt »kleines Schweinchen« bedeutet) und Niri Taten Mbwelesu (»das Kind vom kleinen Schwein«) bildet er den Vulkankomplex Ambrym. Von allen Vulkanen auf der Welt ist dieser Komplex der größte Produzent von vulkanischen Gasen wie beispielsweise Kohlendioxid, Schwefeldioxid und Schwefelwasserstoff. Im Ruhezustand bläst kein Vulkan der Welt höhere Mengen an Schwefeldioxid in die Luft. Dennoch wusste man damals kaum etwas über Ambrym.

Wir verließen das Basislager und liefen durch die Caldera, das ist der Einsturzkrater des ursprünglichen Vulkans. Die Caldera hat einen Durchmesser von zwölf Kilometern. Die Explosion, bei der dieser Krater entstand, fand vor ungefähr 2000 Jahren statt und gilt als einer der größten Vulkanausbrüche aller Zeiten weltweit. Insgesamt wurden 70 Kubikkilometer Material ausgestoßen.

Aus der Ferne sah die Ascheebene wie eine flache Platte aus, aber je näher wir an den Vulkan kamen, desto zerklüfteter wurde die Landschaft.

Nach einer Stunde verließen wir unseren bequemen Weg in einem ausgetrockneten Flussbett und kletterten auf einem Grat weiter. An manchen Stellen war der Bergrücken nur wenige Zentimeter breit und ich musste mich genau konzentrieren, wohin ich trat. Zum Glück war und bin ich schwindelfrei, denn rechts und links ging es steil die Bergflanken nach unten. Einen Sturz hätte man, wenn überhaupt, nur schwerverletzt überlebt.

Mir war klar, wie sehr man hier oben auf sich aufpassen musste, damit nichts passiert. In äußersten Notfällen könnte zwar ein Helikopter in der Ascheebene landen, aber man müsste dazu den Verletzten wieder in die Ebene bekommen und wenn die Wolken zu dicht sind – so wie fast an jedem Tag – kann kein Hubschrauber fliegen. Wenn hier oben einem aus dem Team etwas passiert, sind alle davon betroffen. Umso mehr freute es mich, dass mir Carsten zutraute, den Anforderungen der Expedition gewachsen zu sein.

Ich beobachtete ihn, wie er auf dem schmalen Bergrücken nach vorne rannte, um in Position zu sein, wenn wir vorbeikamen. Seine rote Umhängetasche schlug ihm immer gegen die Beine und mir war es unbegreiflich, wie er mit der schweren Tasche auf diesem Weg so schnell sein konnte. Immer wenn ich an seiner Kamera vorkeuchte, blickte ich auf den Boden, um nicht noch einmal ein Bild zu ruinieren. Klick, klick, machte der Auslöser. Zu gerne hätte ich ihm Löcher in den Bauch gefragt. Brennend interessierte mich, wie er fotografierte, welche Einstellungen er nahm und warum er welche Motive wählte. Aber dies war nicht der Augenblick dafür. Der Vulkan war das Ziel und wartete auf uns.

Der erste Blick

Vor uns lagen noch 200 Höhenmeter steiler Aufstieg. Da stieg ein Grollen aus dem Inneren des Vulkans empor und wurde mit jeder Minute lauter. Der Boden begann, unter meinen Füßen zu beben. Eine riesige schwarze Wolke quoll plötzlich aus dem Krater und wuchs in den Himmel empor. Es wurde schwarz und schwärzer. Mit jeder Sekunde wuchs meine Angst. Ich blickte zu Carsten. Was machte er? Carsten war am Fotografieren. Allein dieser Anblick nahm mir meine Sorgen. Ich lachte. Inzwischen fiel Asche aus der schwarzen Wolke auf uns herab und bedeckte uns mit einer schwarzen Schicht, die sogar zwischen die Zähne gelangte und knirschte. Ich hatte wieder eine Lektion gelernt: Bei einem Vulkanausbruch sollte man nicht lachen, sonst landet zu viel Asche im Mund.

Carsten erklärte mir, dass auch der Vulkan ab und an »husten« müsse – es habe sich bestimmt irgendwo unter der Erde ein Pfropf gebildet und den wurde der Vulkan durch einen kleinen Ausbruch wie gerade eben los. Das sei kein Grund zur Sorge. Und falls einmal Brocken herausfliegen sollten: »Immer schön nach oben schauen, beobachten, wohin die Bomben fallen und dann einfach ausweichen.« Ich hoffte nur, ich würde in so einem Fall auch an einer Stelle stehen, wo ich ausweichen könnte und nicht – wie jetzt gerade – auf einem Bergrücken entlanglaufen.

Die Aussicht war atemberaubend. Vor mir lag die ganze Caldera, ich konnte sogar über deren Rand auf das türkisfarbene Meer und die grünen Nachbarinseln voller Leben blicken. Um mich herum war alles grau und lebensfeindlich. Je höher wir kamen, desto mehr stachen mir die vulkanischen Gase in der Nase. Hier gab es auch keine Moose und Farne mehr. Nach eineinhalb Stunden war ich fast oben, am Ziel meiner Träume. Am aktiven Vulkan! Von diesem Moment hatte ich seit meinem Besuch in Pompeji geträumt und nun war er endlich da! Ich machte den letzten Schritt nach vorne, um in den Krater zu schauen, und sah: nichts. Der Krater des Marum war voller Gase und voll vom Rauch der Explosion. Ich war nicht die einzige, die enttäuscht war. Carsten fluchte leise irgendetwas Bayrisches vor sich hin und Chris sagte nur »Hmmm« in einer Dauerschleife. Auch der Vulkan meldete sich zu Wort: Es klang, als würde Wasser in einem Topf kochen und übersprudeln.

Ich packte erst einmal das Essen aus. So etwas hilft meistens. Nach einem Stehimbiss, bestehend aus Schiffszwieback mit Dosenthunfisch und Büchsenfleisch gewürzt mit Asche, setzten wir uns an den Kraterrand und warteten. Bildeten wir es uns nur ein, oder wurden die Gase tatsächlich dünner?

Und vom einen auf den anderen Moment lüftete sich der Schleier und er lag vor mir: der Lavasee. Ich erschrak ein wenig, denn seine Ausmaße waren gewaltig! Ich stand eine gefühlte Ewigkeit am Rand. Der See brodelte 600 Meter unter mir und ich konnte nichts anderes tun, als gebannt nach unten zu schauen. Ich fühlte, wie mir die Tränen aufstiegen, so sehr war ich von dem Anblick überwältigt.

In solchen Situationen hilft mir das Schreiben immer. Ich kramte ein Blatt heraus und schrieb mit zittriger Hand: »*Die Erde schaut mich an. Sie blickt mit zwei funkelnden Augen. Dunkler Krater, weiße Rauchwolken, leuchtendes Gelb. Orange. Brodeln. Mittelpunkt der Erde. Herzschlag. Ich schaue auf die Lavaseen. Himmel und Hölle zugleich. Die leuchtende Lava fließt hinaus, erkaltet, wird zu Stein und bildet so Inseln, Land und Leben. Hier bin ich am Ursprung allen Lebens.*

Die Erde tut sich auf. Erneuter Ascheregen. Wie vorhin. Er prasselt auf uns nieder. Der Vulkan zeigt uns, dass wir nicht willkommen sind. Weg von hier. Der Mensch ist so klein.«

Nun war mein Kindheitstraum Wirklichkeit geworden. Sollte ich nicht unendlich dankbar sein? Doch ich war rastlos. So, als hätte ich die Belohnung nur gezeigt bekommen, aber ich durfte sie nicht haben, wie ein Esel, der seiner Karotte hinterherlief.

Ich war ratlos und konnte mir meine Unzufriedenheit zuerst nicht erklären. Doch dann spürte ich, wie tief in mir ein Wunsch aufkam: Ich wollte hinunter, ganz nah an den Lavasee. Ich musste noch dichter an ihn heran, den Vulkan noch intensiver erleben. Aber ich hatte keine Ahnung, wie ich dies bewerkstelligen sollte. Heute sollte jedenfalls nicht der Tag dafür sein.

Als wir den Rückweg antraten, war es schon lange dunkel. Die Landschaft wurde vom Schein der Vulkane erleuchtet und ausnahmsweise fand ich keine Worte, um dieses Gefühl zu beschreiben. Fast kam es mir vor, als wäre ich nicht mehr auf unserer Welt, als würde ich eine übersinnliche Erfahrung machen. Ob mein Vater mich von irgendwo weit oben dabei beobachtete?

Am nächsten Tag liefen wir im Regen zu einem anderen Vulkan, dem Benbow. Der Weg nach oben war noch steiler und gefährlicher als beim Marum, falls das überhaupt noch ging. Aber mittlerweile hatte ich mich daran gewöhnt, ebenso an das Lauftempo der Gruppe. »Renntempo« wäre treffender gewesen. Um mit meinen kurzen Beinen mitzuhalten, blieb mir nur der Laufschritt. Zum Glück war ich halbwegs fit und den Rest kompensierte ich dadurch, dass ich einfach die Zähne zusammenbiss und nach vorne blickte.

Der Blick in den Benbow war ebenso enttäuschend wie der erste Blick in den Marum. Hier oben auf dem Vulkan waren wir mitten in den Wolken und die Sicht betrug weniger als zehn Meter. Der Regen hatte einen bitteren Geschmack. Wer jemals aus Versehen eine Kopfschmerztablette in Wasser aufgelöst hat, die zum Schlucken bestimmt war, und dann das Wasser mit Tablette getrunken hat, kann sich vorstellen, wie der Geschmack war. Es war wieder saurer Regen, der größte Feind von elektronischem Equipment und von Kletterseilen.

Carsten beschloss nach kurzer Zeit, wieder ins Basislager zurückzukehren. Für den nächsten Vorstoß wollte er sich 200 Meter in den Krater abseilen und dort zelten, bis das Wetter besser würde, um dann die verbleibenden 400 Meter bis zum Lavasee zurückzulegen. Ich konnte es kaum fassen. Er wollte tatsächlich da unten im Krater übernachten! Die Gefahr schien mir sehr groß und ich fragte mich, was wäre, wenn der Vulkan wieder »husten« müsse. Oder wenn die Gase so dicht wären, dass auch eine Gasmaske nichts mehr bringen würde? Und über allem lag für mich die Frage, wie man überhaupt mit Gasmaske schlafen konnte. Und doch wollte ich auf jeden Fall dabei sein.

Auf dem Rückweg ins Camp bedrängte ich Carsten so lange, bis er nachgab. Ich freute mich riesig und war ihm unendlich dankbar, dass ich ein Teil des Teams sein durfte. Und wenn ich ganz ehrlich zu mir war, dann hatte ich auch ein bisschen Schmetterlinge im Bauch. Ob wegen des Abenteuers im Vulkan oder wegen Carsten, konnte ich gar nicht genau sagen. Mir gefiel sein spitzbübisches Lachen, seine Begeisterung für scheinbar unwichtige Kleinigkeiten wie einen schönen Schmetterling oder eine fragile Orchidee und seine Art, sich wie ein Kind zu freuen, aber dennoch die Verantwortung nicht aus den Augen zu lassen. Leider war er fast doppelt so alt wie ich! Ich fragte mich, ob ich ihm auch etwas bedeutete. Er behandelte mich wie alle seine Teammitglieder: freundlich und immer mit einem offenen Ohr, wenn es wirklich etwas zu besprechen gab. Aber er wimmelte mich oft ab, wenn ich zu viele Fragen hatte. Er musste sich auf seine Arbeit konzentrieren – und dabei hätte ich ihm am liebsten den ganzen Tag Fragen gestellt.

Zurück im Basislager verbrachten wir einen weiteren Tag mit Warten und Essen. Ronny zeigte mir, wie man früher auf Ambrym kommuniziert hatte: durch Zeichnungen im Sand. Die knapp 7000 Menschen der Insel sprechen fünf unterschiedliche Sprachen: North Ambrym, South-East Ambrym, Port Vato, Daakaka und Lonwolwol. Damit man sich untereinander verständigen konnte, wurden Zeichen in den schwarzen Vulkansand gemalt. Das war eine hohe Kunst, die von Generation zu Generation weitergegeben wurde. Man durfte beim Malen den Finger nicht absetzen. Je komplizierter und größer die Zeichnungen, desto mehr Wissen und Macht hatte derjenige, der sie gemalt hat. Heute benötigt man keine Zeichnungen mehr, man verständigt sich durch die Nationalsprache Bislama, eine während der Kolonialzeit eingeführte Kreolsprache. Vanuatu war bis zur Unabhängigkeit 1980 französische und britische Kolonie. Auch heute noch sprechen überraschend viele Menschen Französisch oder Englisch. Jimmy spricht zum Beispiel beides, zusätzlich die Sprache von South-East Ambrym, Port Vato und ausreichend Lonwolwol. Da seine Tochter einen Mann auf der Nachbarinsel Malekula geheiratet hat, hat er kurzerhand auch noch diese Sprache gelernt. Für mich war das unbegreiflich, denn die Sprachen haben nichts miteinander gemeinsam, so wie beispielsweise Französisch und Spanisch, die zumindest einen gemeinsamen Wortstamm haben. Ich hatte beim Kochen am Feuer aber genügend Zeit, mit dem Sprachengenie Jimmy Bislama zu lernen. Das war gar nicht so schwierig, wenn man Französisch und Englisch konnte. Wenn man genau hinhört, erkennt man den Ursprung der Wörter der beiden Sprachen. Zum Glück hatten mich meine Lehrereltern zweisprachig erzogen und ich konnte auch fließend Französisch sprechen. Ich hätte zwar nie gedacht, dass mir das am anderen Ende der Welt im Dschungel helfen würde, freute mich aber umso mehr, als mich die Träger verstanden, wenn ich sie mit einfachen Sätzen aus Bislama nach ihrem Befinden fragte.

Gemeinsame Nächte im Vulkan

Am sechsten Tag nach unserer Ankunft auf Ambrym war endlich der große Tag angebrochen: Wir verlegten unser Lager in den Krater. Mit der Hilfe von Jimmy, Ronny und drei weiteren Trägern verpackten Carsten, Chris, Jeff und die beiden Franzosen die Ausrüstung in wasserdichte Packsäcke. Als erstes wanderte mein Tagebuch in den wasserdichten Rucksack, den mir Carsten gab. Dann kamen mein Schlafsack hinein, die Zahnbürste, ein Ersatzshirt und meine Kamera. Mehr durfte ich nicht mitnehmen. Der restliche Platz in meinem Packsack wurde mit Essen aufgefüllt, bis er so schwer war, dass ich ihn noch nicht einmal richtig vom Boden aufheben konnte. Ich hatte keine Ahnung, wie ich alles tragen sollte, aber ich wollte mich nicht beschweren und fragte Jimmy heimlich, ob er mir helfen könne, die Last auf meinen Rücken zu bugsieren. Zum Glück konnte ich den Hüftgurt richtig festziehen und hatte so das Gewicht hauptsächlich auf meiner Hüfte anstatt nur auf den Schultern. Schwankend lief ich los. Carsten und Chris platzten geradezu vor Lachen. »Man sieht dich ja gar nicht mehr, das ist ja ein Sack mit Beinen!«, prustete Carsten. Ich musste auch schmunzeln und ich war aufgeregt. Aber nicht nur wegen der Aussicht, in einem Vulkan zu schlafen, sondern auch, weil nicht genug Zelte für alle da waren. Wir mussten Gewicht sparen und hatten uns geeinigt, so wenige Zelte wie möglich mitzunehmen. Aber wer sich mit mir den Schlafplatz teilen sollte, hatte noch keiner gesagt. Fest stand nur, dass das französische Ehepaar ein gemeinsames Zelt hatte und ich somit mit einem der Jungs teilen musste. Beim Aufstieg jedoch hatte ich keine Zeit zum Grübeln. Ich musste bei jedem Schritt aufpassen, nicht auszurutschen. Der Rucksack wurde mit jedem Meter schwerer. Alle stöhnten unter ihren Lasten. Insgesamt hatten wir mehrere hundert Meter Seil dabei, um uns in den Krater abzuseilen. Die Klettergurte und Karabiner, die wir dazu brauchten, wogen auch viel, ebenso wie das Wasser, das wir zum Trinken und Kochen benötigten.

Mir wurde zum ersten Mal richtig bewusst, welche Logistik hinter ein paar Bildern stecken kann. Beim Lesen des *National Geographic* Magazins fange ich noch heute immer mit den Geschichten über das Entstehen der Reportagen an. Das finde ich am Spannendesten. Aber darin konnte ich nie lesen, wie viel Schweiß man in Wirklichkeit vergießt und wie oft man fluchend aufgeben möchte.

Wie immer, wenn mir etwas sehr schwer fällt, denke ich an Beppo Straßenkehrer aus dem Buch *Momo* von

Michael Ende. Der Straßenkehrer erklärt Momo: »Ein Schritt, ein Besenstrich, ein Schritt, ein Besenstrich …«, und im Nu ist seine ganze Straße fertig gekehrt. So gelangte auch ich irgendwann nach oben an den Vulkan und stellte keuchend meine Last ab, um den letzten Schritt zum Rand ohne Rucksack gehen zu können. Wieder war ich sehr gespannt und dachte an die Erfüllung meines Kindheitstraumes. Dann blickte ich in den Krater: »Hmmm.« Mir entfuhr das Lieblingswort von Chris.

Ich sah wieder einmal: nichts. Direkt unter mir lag eine große schwarze Terrasse, dahinter türmte sich ein hoher Rand aus fester Asche. Fast, als hätte man im Krater nochmals einen kleinen Krater eingebaut. Daraus rauchte es leicht. Irgendwo da unten würde wohl hoffentlich Lava sein! Vor mir ging es steil nach unten. Da sollten wir uns abseilen? »Hmmm.« Ich hoffte, dass die Jungs wussten, was sie taten und ich vertraute darauf, dass auch ich das irgendwie hinbekommen würde.

Erst einmal gab es etwas zu essen für alle: Müsliriegel mit viel Zucker für die Energie, die man bei einem solchen Auf- und Abstieg in Massen braucht. Außer für mich: Bei meiner Weltreise hatte ich mir Würmer eingefangen und musste sehr lange Zeit Antibiotika nehmen. Dies führte dazu, dass ich keinen Zucker oder einfache Kohlenhydrate essen durfte, um eventuell übrig gebliebene Wurmlarven auszuhungern. Carsten und Chris opferten die Oblaten, die um ihren Fruchtriegel herum waren, damit ich wenigstens irgendetwas in den Bauch bekam. Mein Magen knurrte nur noch mehr, aber ich ignorierte das nagende Hungergefühl.

Ich musste mich auf das Abseilen konzentrieren. Ich hatte so etwas noch nie gemacht, hatte das aber nicht an die große Glocke gehängt, denn ich wollte unbedingt dabei sein. Auch eine Gasmaske hatte ich noch nie getragen. Ich beobachtete die anderen genau, wie sie die Gasmaske anzogen, wie sie die Klettergurte anlegten und das Seil in einer Art Metallrolle, die Grigri genannt wird, befestigten: Wenn man einen Bügel umlegte, rutschte das Seil durch. Wenn man die Hand losließ, blockierte das Grigri und man hing im Seil. Auch für mich als Ungeübte konnte nicht viel passieren. Das sagte ich mir selbst zur Beruhigung. Aber als ich über dem Abgrund hing, sah die Sache anders aus: Mir zitterten die Beine und ich hatte trotz des eisigen Windes, der über den Vulkan fegte, schweißnasse Hände. Ich zog mir die Gasmaske über den Kopf. Das Atmen unter dem Plastik war mühsam. Carsten hatte die Kamera schussbereit. Alle warteten auf mich. Ich kratzte meinen Mut zusammen und löste die Seilbremse. Ich sackte nach unten und erschrak, konnte mich aber mit den Beinen fangen. Das Grigri blockierte. So schwer war es also gar nicht! Es kam nur auf die richtige Dosierung an, wie weit man den Metallbügel öffnete. Weiter ging es nach unten, 200 Meter tief in den Vulkan hinein. Die meiste Zeit fanden meine Füße irgendwie Halt an der Kraterwand. Hier galt es, keine Steine herauszureißen oder loszutreten. Die scharfkantigen Vulkansteine konnten auf das Seil fallen und es durchtrennen, oder sie konnten auf Franck und Irene hinunterfallen, die sich schon abgeseilt hatten.

Beide schleppten einen riesigen Rucksack mit nach unten. Ich bewunderte vor allem Irene, die ganz selbstverständlich ebenso viel leistete wie die Jungs, obwohl sie eine kleine und zierliche Person war. Insgeheim war sie mir ein großes Vorbild. Leider hatte ich noch nicht die Zeit gefunden, ihr das zu sagen, weil immer irgendetwas los war.

Die letzten Meter hing ich vollkommen frei in der Luft und schwebte dem Vulkanboden entgegen. Was für ein Gefühl! Franck umarmte mich, als ich unten ankam. Er trug keine Gasmaske mehr. Hier waren die Gase nicht mehr so dicht. »*Bienvenue dans le volcan!*«, strahlte er mich an. Ich konnte es kaum fassen, riss mir meine Maske vom Gesicht und blickte nach oben.

Rings um mich herum die hohen Kraterwände, von denen Francks Echo herunterhallte. Aus dem Krater hinter mir stieg eine Gaswolke empor. Immer höher und höher. Sie verdunkelte den Himmel. Francks rote Jacke hob sich von der schwarzen Asche ab und leuchtete. Oben am Kraterrand standen die anderen, kaum erkennbar. Das Seil, dem ich mein Leben anvertraut hatte, sah wie ein Spinnfaden aus. Ich kam mir so winzig vor, erschlagen von der Größe der Natur und ihr vollständig ausgeliefert.

Die nächsten Stunden verbrachten wir damit, unser Material in den Krater zu transportieren und uns häuslich einzurichten. Ich half beim Errichten der Zelte und baute gerade gemeinsam mit Carsten sein Zelt auf, als es zu regnen begann. Carsten verzichtete darauf, die letzten Heringe in den Boden zu stecken, und flüchtete ins Trockene. Ich zögerte. »Los, komm schon, herein mit dir!« Von da an war mein Platz in seinem Zelt. Ich genoss es, Zeit mit ihm zu verbringen und ihm zuzuhören, wie er sich Sorgen über den Regen machte und überlegte, was zu tun sei. Manchmal fragte er mich auch nach meiner Meinung. Ich überlegte mir jeden Satz zweimal, bevor ich antwortete, und ab und an, denke ich, kam auch etwas Sinnvolles dabei heraus. Den ganzen Nachmittag regnete es in Strömen. Nebel vermischte sich mit den Gasen im Vulkan und ich hustete. Carsten reichte mir meine Gasmaske.

Ich musste schon die ganze Zeit aufs Klo. Wo war in einem Vulkan ein geeigneter Platz dafür? Ich traute mich nicht, zu fragen und schlich nach draußen in die Nässe. Carsten rief mir nach: »Pass auf den Vulkan auf und fall nicht rein!« Ich entfernte mich von den Zelten, die Sicht betrug knapp einen Meter. Vor mir ging es nach oben und neugierig kletterte ich den kleinen Hügel hoch. Plötzlich stoppte ich: Vor mir lag ein bodenloser Abgrund! Ich blickte ins Leere und direkt in den Vulkanschlot. Fast wäre ich hineingefallen und hatte es im letzten Moment noch bemerkt. Ich wagte einen weiteren

Blick nach unten, aber leider versperrten die Gase die Sicht auf den Lavasee. Ich hörte ihn nur. Er brodelte und fauchte wie ein lebendiges Ungeheuer. Ich wollte schnell wieder zurück zum Zelt, hatte aber die Orientierung verloren. Ich stolperte den Hang hinunter und versuchte, das Zelt zu finden. Die Terrasse im Vulkan maß gerade einmal 400 mal 400 Meter, aber man konnte sich trotzdem verlaufen. Nach einer gefühlten Ewigkeit überwand ich meinen Stolz und rief nach Carsten. Er amüsierte sich prächtig, als ich zugeben musste, das Zelt nicht mehr gefunden zu haben.

Bald darauf wurde es dunkel und die Erde begann, zu leuchten. Wie bei unserer Wanderung auf dem Rückweg vom Marum, nur unvergleichlich heller. Dieser überirdische Schein kam mir vor, als hätte jemand eine kleine Schlummerlampe angemacht, die ein weiches Licht von sich gab und Geborgenheit vermittelte. Trotzdem konnte ich lange nicht einschlafen.

Am nächsten Morgen schrieb ich sofort nach dem Aufwachen in mein Tagebuch: »*Stille. Der dicke Nebel verschluckt jedes Geräusch und hüllt alles ein. Ich kann kaum das nächste Zelt sehen, ein kleiner gelber Klecks im großen Grau. Ein nebliger Morgen. Nebel überall. Auch in meinem Kopf. Wo bin ich? War das ein Traum? Habe ich gerade wirklich die Nacht in einem Vulkan verbracht? Habe ich unser Camp mit den gelben Zelten vor der 250-Meter-Wand nur geträumt? Die Menschen im Vulkan? Wer ist denn so doof, sich der ge-*

waltigen Macht der Natur zu widersetzen? Es ist unglaublich, was ich hier mache. Ich kann es wirklich nicht glauben – einfach vollkommen verrückt. Der Vulkan murmelt. Geräusche direkt aus dem Schlund der Hölle rollen durch den Krater. Ich zittere. Eine leichte Brise bläht die Zelte und riecht nach Schwefel. Meine Gasmaske liegt bereit, mein Helm auch. Ich muss an das denken, was Carsten mir beigebracht hat, wenn Bomben aus dem Vulkan geschleudert werden. Man muss sie immer im Blick haben und dann ausweichen. Aber was ist, wenn man im Zelt liegt und nichts sieht? Carsten meinte nur, dass man dann einfach Glück braucht. Letzte Nacht zumindest hatten wir Glück. Es fielen keine Bomben, noch nicht einmal saurer Regen. Ich bin warm und trocken, nur vielleicht etwas ungeduscht. Das Unglaublichste jedoch ist, dass ich hier sein darf. Ich hätte nie zu träumen gewagt, dass ich eine Nacht im Vulkan verbringen werde. Das ist sogar viel zu verrückt, um es zu träumen! So, jetzt aber raus aus dem Zelt, ich muss Frühstück machen und ein neuer, aufregender Tag wartet.«

Der Tag wurde weniger spannend als gedacht: Die ganze Zeit regnete es. Mir war langweilig. Als Kind kannte ich dieses Gefühl; manche Nachmittage erschienen endlos und keiner wollte mit mir spielen, alle Erwachsenen hatten zu tun. Mit der Schulzeit änderte sich dies und ich kannte das Gefühl der Langeweile nicht mehr. Man kann immer etwas tun. Nur hier im Krater konnten wir nichts machen. Gar nichts.

Carsten und ich philosophierten über die Bedeutung des Wortes »Langeweile«: »Lange Weile.« Eine Weile ist eigentlich ein kurzer Moment, aber diese Weile ist lange. Endlos. Wir spielten »Stadt, Land, Fluss«. Wir schliefen. Wir naschten von Carstens geheimen Gummi-Colaflaschen-Vorrat. Wir schliefen.

Den ganzen Tag blieb es neblig und es regnete weiter. Gegen Nachmittag bemerkte ich die ersten feuchten Flecken im Zelt. Nach einem schnellen Abendessen draußen in der Nässe krabbelten wir zurück ins Zelt: Alles stand unter Wasser! Auf dem Boden staute sich ein See. Mein Tagebuch schwamm in einer Pfütze. Carstens Kameratasche triefte vor Nässe. Zum Glück hatte seine Kamera nichts abbekommen! Unsere Schlafsäcke waren patschnass und unsere Ersatzklamotten ebenso.

Carsten hatte die Zelte für die Expedition zum Testen geschenkt bekommen. Die Firma hatte angeblich eine neue Membran entwickelt, die besonders wasserdicht sein sollte. So sollte man kein Überzelt brauchen und Gewicht sparen. Diese Entwicklung war ganz offensichtlich ein Flop. Nur der Zeltboden schien auf jeden Fall wasserdicht, denn das Wasser lief nicht mehr ab. Bei Chris sah es ähnlich aus, auch bei ihm war alles nass. Nur Franck und Irene hatten Glück, denn sie hatten auf ihr altes Zelt vertraut.

Diese Nacht war noch ungemütlicher als die vorherige. Alles war nass und mir war eiskalt. Ich beneidete Carsten, der ruhig neben mir lag und trotz allem zu schlafen schien. Vorsichtig versuchte ich, mich anzukuscheln.

Mir war einfach zu kalt! Entweder bemerkte er es nicht oder er ließ es zu und ich war einfach sehr dankbar für die Wärme und die Nähe.

In meinem Tagebuch steht: »*Guten Morgen! Reißverschlüsse ratschen, Zeltplanen rascheln, die ersten Schritte stampfen, das Lager erwacht. Neugierig öffne auch ich den Reißverschluss, um nach draußen zu schauen. Die Nebeldecke, in der wir seit gestern schwimmen, hat sich nicht gelichtet, im Gegenteil. Nun prasseln auch noch Tropfen sauren Regens auf uns nieder und spielen ihre Melodie auf der Zeltplane. Sie hinterlassen helle Flecken auf dem mit Asche eingefärbten Gelb. Kalter Wind dringt durch alle Ritzen herein und lässt vergessen, dass wir hier in den Tropen sind. Nur wenige Kilometer weiter scheint die Sonne, die Palmen wiegen sich in einer leichten Brise, die Sonne wandert hinter dem 20 °C warmen Pazifik hervor. Vögel zwitschern, die Natur erwacht. Dschungel, Korallenriffe – voller buntem Leben, unzähligen Lebewesen, Symbiosen, verflochtenen Lebensgemeinschaften. Und hier? Eine Motte, grau wie die allgegenwärtige Asche, sucht Schutz unterm Zeltrand. Doch sie ist verloren, sobald sie in den sauren Regen gerät, werden ihre Flügel verätzt. Sie endet wie ihre Artgenossen, eine kleine Leiche in der weiten Ebene. Endzeitstimmung. Das Ende der Welt – oder der Anfang? Bizarre Formen am Kraterrand. Abflussrinnen, Canyons erodieren sich in den Lavasand, hinterlassen bizarr anmutende Steinsäulen und Türme aus Sand. Überall findet man Peles Haar, die Hawaiianische Vulkangöttin Pele beweist ihre Existenz. Die langen Fäden aus vulkanischem Glas ent-*

stehen durch erkaltete Lava. Beim Auswurf von Bomben entstehen manchmal nicht abreißen wollende Schnüre, die erkalten und vom Wind fortgetragen werden. Im Vulkan vereinen sich Mythen, Wissenschaft und Wahnsinn. Vor allem Wahnsinn. Was machen wir hier? Zeigt uns die Natur nicht genug, dass hier kein Platz für Menschen ist? Die Erde bebt. Sanft nur, kaum spürbar. Eher ein angenehmes Gefühl. Merkwürdig … Mir ist kalt. Meine Knochen tun weh, da ich nur eine dünne Isomatte zum Schlafen habe. Aber egal, viel zu aufregend ist es, in einem Vulkankrater zu schlafen! Wer hätte gedacht, dass ich hier ›enden‹ (was ich nicht hoffe) würde?«

Irgendwann graute der Morgen und ich konnte endlich aus dem Zelt. Es nieselte nur noch leicht, aber alles schien mir besser als das nasse Zelt. Um mir die Kälte aus den Knochen zu vertreiben, hüpfte ich im Kreis umher. Chris und Carsten verschwanden im Nebel. Sie wollten den Vulkankrater prüfen. Ich rannte hinterher und stand plötzlich am selben Ort wie bei meinem Toilettengang. Carsten warnte mich: »Achtung, nicht so nahe an den Rand, hier ist alles brüchig!« Oh, gut zu wissen. Zum Glück war ich gestern hier nicht schon in den Krater gefallen! Vom Lavasee war noch immer nichts zu sehen.

Gefangenschaft

Stand uns ein weiterer Tag Langeweile bevor? Ich bereitete das Frühstück vor. Hier unten im Krater war das Kochen denkbar einfach. Ich musste nur mit dem Benzinkocher Wasser erwärmen. Das kochende Wasser goss jeder auf seine Nahrung in einem Beutel. Dann wurde die Packung geschlossen und man wartete. Für Reis mit Hühnchen zwölf Minuten, für Haferflockenbrei fünf Minuten. Zum Frühstück gab es natürlich Haferflockenbrei und Tee oder Kaffee.

Ich schlürfte gerade meinen Tee zu Ende, als Jimmy oben am Kraterrand auftauchte. 200 Meter über uns gab er uns ein Zeichen, das Walkie-Talkie anzuschalten. Wir verstanden durch das Rauschen hindurch, dass Jimmy uns erklären wollte, dass es Probleme gäbe. Die Träger wollten mehr Geld. Sie waren ungeduldig, weil die Expedition schon länger als vorgesehen dauerte und waren nicht mehr zufrieden mit dem vorher ausgehandelten Pauschalpreis. Carsten erklärte, dass er selbst nicht damit gerechnet habe und er einfach nicht so viel Geld dabei habe, wie die Träger jetzt verlangten.

In diesem Moment sah ich, wie sich das Seil bewegte, an dem wir wieder nach oben klettern mussten. Die Träger zogen das Seil ein! Jimmys Stimme klang voller Sorge: »Ich kann leider nichts machen, sie sind in der Überzahl und richtig wütend. Mir sind die Hände gebunden, es tut mir so leid!«

Nun saßen wir unten im Vulkan ohne ein Seil. Der Rückweg war uns verwehrt. Wir waren gefangen im Vulkan. Es musste uns schnell eine Lösung einfallen, um die Situation nicht eskalieren zu lassen und uns nicht in noch größere Lebensgefahr zu bringen. Die Jungs grübelten gemeinsam. Die Träger saßen oben am Kraterrand und warteten, kleine bunte Punkte in der sonst grauen Vulkanlandschaft. Ich konnte es kaum glauben, dass sie die Situation so ausnutzten.

Auf Ambrym gibt es nur sehr wenige Möglichkeiten, Geld zu verdienen. Die Haupteinkommensquelle ist Kopra. Dabei werden reife Kokosnüsse gesammelt, jede Nuss einzeln gespalten und von Hand ausgeschabt. Eine sehr mühsame Arbeit, wie ich seit der Zubereitung der Kokosmilch im Dorf wusste. Anschließend wird die Kopra in der Sonne oder mithilfe eines Feuers getrocknet. Um einen siebzig Kilogramm schweren Sack zu füllen, braucht man je nach Wetter bis zu zwei Monate zum Trocknen. Dafür gibt es knapp 2.000 Vatu, umgerechnet 17 Euro.

So viel bezahlte Carsten für einen Träger beim Hinweg. Nun wollten sie 4.000 Vatu. Ich hatte keine Ahnung, ob das für Hin- und Rückweg war, nur für den Rückweg oder nachwirkend für den Anstieg. Jedenfalls gab es viel Aufruhr und wütende Kommentare am Walkie-Talkie. Die Verhandlungen zogen sich in die Länge.

Mittlerweile war das Wetter besser. Hoch über uns zeigte sich blauer Himmel, aber an ein Vordringen tiefer ins Vulkaninnere war unter diesen Bedingungen nicht zu denken. Ich hatte ein wenig Angst, aber vertraute Jimmy, dass er uns hier unten nicht sitzen lassen würde. Während die anderen versuchten, die Situation zu lösen, packte ich zusammen.

Nach stundenlangen, zähen Verhandlungen war es soweit: Das Seil wurde wieder heruntergelassen. Allerdings konnten wir die Expedition nicht wie geplant fortsetzen, sondern mussten alle zurück ins Basislager, um mit den Trägern zu verhandeln. Das wurde als Bedingung gestellt, wenn wir das Seil wiederbekommen wollten. Nun musste alles schnell gehen. Eine Horde ungeduldiger Männer saß auf dem Kraterrand und eine Gruppe missmutiger Expeditionsteilnehmer machte sich an den Aufstieg. Alle waren wütend, so kurz vor dem Ziel aufgeben zu müssen. Ich konnte keinen klaren Gedanken fassen. Für mich überstürzten sich die Ereignisse zu sehr. Im Vorfeld hatte ich mir viele Gedanken um den Aufstieg gemacht, ob ich es überhaupt schaffen würde. Ich hatte ja keine Ahnung, wie die Technik mit Grigri und Steigklemme funktionierte. Nun blieb keine Zeit zum Nachdenken. Mir wurde ein Rucksack aufgeladen und los ging es. Zuerst verhedderte ich mich hoffnungslos im Seil, aber dann klappte es halbwegs. Beim Aufsteigen am Seil hatte ich Gelegenheit zum Nachdenken. Ich fand es unglaublich traurig, dass das Team aufgeben musste und sich nicht weiter in den Benbow abseilen konnte. Doch ich hätte sowieso nicht dabei sein können – dazu musste man viel mehr wissen. Ich hatte aber Blut geleckt, beziehungsweise »Schwefel geschnuppert«, wie Chris zu mir sagte. Ich nahm mir ganz fest vor, irgendwann wiederzukommen und mich bis ganz nah an den Lavasee abzuseilen, um den Benbow am ganzen Körper zu spüren.

Irgendwie kam mir der Vulkan lebendig vor, wie ein Lebewesen mit eigenem Willen und Charakter. Ich hatte mich in seinem »Schoß« beschützt gefühlt und keine Angst gehabt. Ich durfte mich ein bisschen anschmiegen und auf eine Weise hat er auf mich aufgepasst, aber er blieb dennoch auf Distanz, unnahbar. Als würde er zu mir sagen: »So schnell geht das nicht.« Mir wurde klar, dass noch viel Arbeit vor mir lag, um meinen Traum, ganz nah am Lavasee zu stehen, zu verwirklichen. Und ganz leise verabschiedete ich mich vom Vulkan. Bis bald, Benbow!

Oben angekommen, wartete die Realität. Die Träger wollten mit uns verhandeln. Gemeinsam liefen wir wieder einmal im Stechschritt zurück zum Basislager und dann begann das *TokTok*. Reden heißt in Bislama *TokTok*, als ob einmal *Tok*, vom englischen Wort *talk* abgeleitet, nicht genug wäre. Nun wusste ich, warum. Es wurde alles mindestens doppelt wiederholt, wenn nicht noch öfter, und das von jedem, der irgendwie nur halbwegs wichtig war. Und wichtig waren viele: Aus den umliegenden Dörfern waren die Häuptlinge gekommen. Alle wollten irgendetwas.

Während die Jungs verhandelten, kochte ich. Ein wenig mulmig war mir schon zumute, da die Träger um mich herumsaßen und demonstrativ mit ihren Macheten herumfuchtelten. Ich vermied jeden Augenkontakt und redete mir ein, dass sie nur an Hölzern herumschnitzten. Aber der Respekt vor den großen Messern blieb. Plötzlich verstummten die Gespräche und ich fühlte alle Blicke auf mich gerichtet. In mir stieg ein beklemmendes Gefühl hoch und Angst machte sich breit.

Später erzählte Chris mir, dass darüber diskutiert wurde, mich als Pfand zu hinterlassen. Carsten hatte wirklich nicht genug Bargeld dabei und musste erst in die Hauptstadt Port Vila an den Geldautomaten. Damit er auf jeden Fall das Geld ablieferte, sollte ich hierbleiben. Chris sagte mir auch, dass Carsten diese Idee vehement abgelehnt hatte. Ich war froh darüber und gleichzeitig freute ich mich, dass Carsten mich so verteidigt hatte. Ihm schien etwas an mir zu liegen.

Aus meinem Tagebuch: »*Eine Motte umkreist die Petroleumlampe. Näher und näher, fast drohen ihre Flügel zu verbrennen. Die Situation ist gefährlich. Wie das Insekt um das Licht drehen sich die Gespräche im Kreis. Geld, Geld, Geld. Jeder möchte Geld. Chief Wilfried kletterte heute Nachmittag von Lalinda in unser Basislager. Nun sitzen er, Jimmy und alle anderen Träger mit Carsten, Chris, Franck und Irene zusammen im Schein der Petroleumlampe. ›Thank you Chief‹ – ›Thank you Carsten‹. Die Besprechung ist nach vielen Stunden beendet. Die Spannung löst sich ein wenig. Ganz zufrieden ist keiner, aber eine ungefähre Einigung wurde erreicht.«*

Wir krochen in die mittlerweile wieder getrockneten Zelte. Ich hörte, wie Carsten sich im Nachbarzelt hin und her wälzte. Keiner konnte recht schlafen. Die Expedition drohte vollends zu scheitern.

Im Laufe des Tages kamen immer mehr Träger aus den umliegenden Orten in die Caldera. Sie hatten gehört, dass Chief Wilfried nachverhandeln konnte und wollten nun auch mehr Geld.

Wir liefen weg, zum Marum. Carsten machte seine Fotos und versuchte, die Expedition irgendwie zu Ende zu bringen. In einer Nacht- und Nebelaktion gelang es Carsten, Chris, Franck und Irene doch noch, ein wenig näher an den Lavasee des Marum heranzukommen. Ich saß oben am Kraterrand und schwor, ich würde irgendwann einmal selbst da unten sein, noch viel näher, als es den Vieren unter den erschwerten äußeren Umständen gelungen war.

Als sie wieder nach oben kamen, ging alles Schlag auf Schlag: Per Satellitentelefon rief Carsten Matthew an, Helikopterpilot in Port Vila. Carsten brauchte noch Luftaufnahmen und Matthew kam wenige Stunden später mit seinem Helikopter und brachte einen Teil des Teams gleich zurück ins Basislager.

Als ich später zu Fuß ankam, waren die Verhandlungen schon in vollem Gange. Die Situation spitzte sich immer weiter zu. Carsten wollte den Trägern nicht mehr Geld bezahlen, er hatte bereits sein ganzes Geld Chief Wilfried gegeben und berief sich darauf, dass der es gerecht aufteilen sollte. Die Träger begannen, Gegenstände aus dem Camp wegzutragen. Wir konnte nichts tun, nur zusehen. In dieser Nacht machte ich kein Auge zu.

Um 8:30 Uhr am nächsten Morgen knatterten Motoren. Ein kleines Transportflugzeug rasierte fast die Baumwipfel, die Baumfarne bogen sich im Wind, Staub wirbelte auf. Jimmy hatte Angst und duckte sich. Carsten lachte: »Was für ein Pilot!« Der Flieger drehte noch eine Ehrenrunde, noch tiefer über dem Lager. Wir sahen einen Wuschelkopf hinter der Scheibe. Es war Matthew, der Helikopterpilot. Das Fenster ging auf und ein Zettel flatterte nach unten. Wir hatten Glück, dass er nicht in den Baumwipfeln landete, sondern in den Händen von Carsten.

»Wir haben die Polizei gerufen und ihnen gesagt, dass ihr alles bezahlt habt und gegen euren Willen festgehalten werdet. Sie (die Häuptlinge) verbieten jedem Flugzeug, auf dem Vulkan zu landen. Ich werde am Rückweg in Craig Cove

landen. Von Santo aus werden wir die Botschaft und die Zeitungen informieren. Macht euch keine Sorgen, wir bemühen uns sehr, die Situation zu lösen. Ralph vom Kulturzentrum ist in Australien und kann uns nicht helfen. Ich habe ernste Worte wie Kidnapping und Erpressung benutzt, wir strengen uns an für euch. Alles wird gut! Kopf hoch – Matt

PS: Wenn ihr da raus wollt, winkt mit den Armen und ich werde landen und euch einpacken. Ich weiß nicht, wie die Stimmung am Boden ist, vielleicht müsst ihr eure Ausrüstung zurücklassen und euch ganz schnell ins Flugzeug quetschen. Falls ihr das wollt, seid bitte schnell …«

In einer Stunde würde er wiederkommen und die Landung riskieren. Falls wir ernsthaft in Schwierigkeiten steckten, sollten wir winken. Wir winkten wie verrückt. Matthew drehte noch eine Extrarunde und verschwand dann über den Palmenwipfeln.

Es wurde wieder ganz still. Wir packten rasch die letzten Reste unserer verbliebenen Besitztümer zusammen und trugen sie in die Caldera. Dort suchten wir einen möglichst geraden Platz aus, wo das Flugzeug eventuell landen konnte, und räumten, so gut es ging, die Steine aus dem Weg. Die Landebahn war weit weg von optimal. Nicht auszudenken, wenn Matt wegen uns etwas passieren würde!

Alles war vorbereitet, wir konnten nichts mehr tun, außer warten. Matt war schon eine Viertelstunde zu spät. Die Träger hatten mitbekommen, dass wir zusammenpackten und waren erst recht wütend. So entging ihnen noch mehr Verdienst! Sie hatten nach Verstärkung im Dorf geschickt, um uns am Wegfliegen zu hindern. Carsten saß mit finsterer Mine auf dem Gepäckstapel und wirkte nicht ansprechbar. Chris murmelte ab und an »Hmmm«. Jeff filmte mit der Ersatzkamera der Ersatzkamera, der letzten funktionierenden Kamera von seinen insgesamt sechs mitgebrachten Geräten, im letzten noch funktionierenden Modus. Franck und Irene diskutierten mit Jimmy und versuchten, eine Lösung zu finden, falls die Träger vor dem Flugzeug kommen sollten. Vor lauter Aufregung und Adrenalin musste ich lachen: Was für ein Abenteuer! Die weite Ebene, die rauchenden Vulkane im Hintergrund. Alles war wie in einem Film.

Und dann kam ein kleiner knatternder Punkt näher und näher: die Rettung! Zum Glück konnte Matt landen, obwohl es die holprigste Landebahn war, die ich je gesehen hatte. Chris und ich quetschten uns zu unserem Equipment in den Laderaum des Flugzeuges. Beim Schließen der Tür sah ich gerade noch, wie weitere Menschen – die herbeigerufene Verstärkung aus dem Dorf – über die Ascheebene angerannt kamen. Sie kamen zum Glück zu spät. Wir hoben ab.

Vom Flugzeugfenster aus sah ich, wie die graue Vulkanlandschaft unter uns immer kleiner wurde und wir über den Rand der Caldera flogen – der Sonne entgegen. Ich atmete auf. Zum ersten Mal seit Tagen sah ich ihr Licht wieder. Besonders die Farben nahm ich intensiv wahr: Das satte Grün des Dschungels bildete einen strahlenden Kontrast zu dem tiefen Türkisblau des Pazifik, und darüber schwebten weiße Wattewölkchen. Ich hatte eine Gänsehaut: Unser Abenteuer war noch einmal gut ausgegangen.

Kapitel 3

Ambryms schwarze Magie

Nach dem Abenteuer in Vanuatu stand fest: Ich wollte Fotojournalistin werden und in Carstens Fußstapfen treten. Mir war natürlich bewusst, dass ich trotzdem meinen Forscherdrang nie aufgeben würde. Am liebsten wollte ich mit Wissenschaftlern arbeiten, um ihre Ergebnisse in die Öffentlichkeit zu tragen. Ich wählte daher zu meinem Geografiestudium die Nebenfächer Publizistik und Zoologie, um darauf vorbereitet zu sein. Zusätzlich konnte ich noch einen Aufbaustudiengang in Journalismus belegen. Normalerweise war das erst nach dem Vordiplom möglich, aber ich konnte den Professor davon überzeugen, dass ich den Kurs unbedingt brauchte und mich anstrengen würde. Vielleicht wusste er, dass er mich sonst nicht losgeworden wäre, aber vielleicht hatte ihn auch meine Schreibprobe überzeugt.

Ich lernte Tag und Nacht. Es machte mir Spaß, denn ich hatte ein Ziel vor Augen. Auch mein Fernweh trieb mich an. Ich wollte so schnell wie möglich wieder weg! Nach so viel Freiheit und so vielen Abenteuern hatte ich meine Schwierigkeiten mit der Enge und den Gegebenheiten in Deutschland. Ich vermisste den Sternenhimmel, die Natur und die Weite. Ebenso das Meer und das Schiff *Alvei,* auf das ich nach unserer Vulkanexpedition zurückgekehrt war – und ich vermisste meine Freunde im Südpazifik. Es war eine Sehnsucht nach der Einfachheit des Lebens. Dort hat man nur das, was man braucht, aber nicht mehr. Ich hasste es, im Supermarkt einkaufen zu gehen und minutenlang vor einer riesigen Auswahl zu stehen. Warum gibt es 30 verschiedene Sorten Zahnpasta, wenn ich doch nur eine einzige brauche?

Eines Nachts konnte ich wie so oft nicht schlafen und ging zum Inlineskaten vor die Tür. Ich fuhr durch die Nacht, als ich plötzlich einen Schatten in einem Hauseingang wahrnahm, der die Hand hob und auf mich zutrat. Ein riesiger Adrenalinschub durchfuhr meinen Körper. Ich wich aus und raste so schnell wie noch nie weiter. Der Mann rannte mir ein paar Schritte hinterher. Noch immer habe ich sein Keuchen im Ohr.

Am nächsten Tag las ich in der Zeitung, dass in der Nacht ein Mädchen in meinem Bezirk vergewaltigt worden war. Der Täter wurde bis heute nicht gefasst.

Ich zog danach weg aus der Stadt, auf den Universitätscampus. Hier hörte ich abends die Amseln, morgens die Meisen, und wenn ich aus dem Fenster sah, war alles grün. Der botanische Garten lag direkt nebenan. Es war Sommer, für mich bedeutete das, dass ich entweder im Hörsaal oder aber draußen lernen konnte. Manchmal nahm ich meinen Schlafsack und übernachtete im botanischen Garten. Der Blick in die Sterne half mir immer und tut das noch heute. Das Lernen fiel mir leicht, denn ich durfte das machen, was mich interessierte. Ich arbeitete zusätzlich als hilfswissenschaftliche Angestellte und sparte jeden Cent.

In den Semesterferien fuhr ich wieder in den Südpazifik und arbeitete auf *Alvei*. Vom Skipper Evan, der ursprünglich aus Amerika kommt, aber seit Jahren schon als Weltbürger lebt, lernte ich unwahrscheinlich viel fürs Leben. Evan lebt mit *Alvei* seinen Traum, muss aber sehr hart arbeiten, um das Schiff in Stand zu halten, neue Projekte an Land zu ziehen und zuverlässige Crewmitglieder zu finden. Die meisten sind nur an einem kurzen Vergnügen interessiert und nicht an der Arbeit, die dahintersteckt.

Es sind zwei Menschen, die mich nach dem Tod meines Vaters am meisten beeinflusst haben: Evan und Franz, Buschpilot aus Vanuatu. Er hatte Matt geholfen, unser Expeditionsteam vom Vulkan abzuholen und vor den wütenden Einheimischen zu retten.

Von Evan habe ich gelernt, was es heißt, zu arbeiten und Durchhaltevermögen zu zeigen, von Franz habe ich gelernt, dass man dabei auch Spaß haben muss. »Man muss erst selbst glücklich sein, bevor man andere glücklich machen kann«, sagte er immer. Sein ganzes Leben war davon geprägt: War er mit einer Situation unzufrieden, nahm er seine ganze Kraft zusammen, um das zu ändern. Auch wenn es oft mit großen Unannehmlichkeiten und Enttäuschungen verbunden war – sein eigenes Glück war Franz immer wichtig. Lange Zeit habe ich seine Philosophie nicht verstanden und ihm Egoismus vorgeworfen, aber erst Jahre später wurde mir wirklich klar, was er meinte: Ich alleine bin dafür verantwortlich, dass ich das Leben lebe, das ich mir erträume. Und ich darf die Arbeit nicht scheuen und keine Angst vor Veränderungen haben. Ohne die motivierenden Briefe der beiden aus einer Welt, die mir so wichtig geworden war, hätte ich mir wahrscheinlich mehr Zeit beim Studium gelassen. Aber so wollte ich nur so schnell wie möglich zurück.

Als ich nach nur eineinhalb Jahren mein Vordiplom in Geografie mit einem Schnitt von 1,0 in der Hand hatte, war ich sehr glücklich und bewarb mich für ein Stipendium beim DAAD, dem Deutschen Akademischen Austauschdienst. Zu meiner Freude wurde ich angenommen und durfte mir eine Universität aussuchen, egal wo. Ich wählte die James Cook University in Townsville, Australien, weil ich mich während der Weltreise nicht nur in *Alvei*, sondern auch in die Südsee verliebt hatte, und studierte dort Umweltmanagement.

Meine Mutter war stolz auf mich und mein Stipendium – dadurch war der Abschied für sie etwas leichter.

Mir fiel es nicht schwer, meiner Heimat den Rücken zu kehren, im Gegenteil. Ich freute mich unsagbar auf den neuen Lebensabschnitt, der vor mir lag.

Studium zwischen Dschungel und Korallenriff

Das Studium im Ausland brachte mir unglaublich viel. In Australien war alles praxisbezogener als in Deutschland. Wir lebten beispielsweise drei Wochen mit Aborigines im Regenwald und lernten von ihnen. Anschließend galt es, eine wissenschaftliche Abhandlung über ein vor Ort selbstgewähltes Forschungsthema zu verfassen. Das war das Äquivalent eines Kurses bei uns, wo man unzählige Stunden im Hörsaal in der Dunkelheit verbringen und trockene Statistiken auswerten musste!

Besonderen Spaß machte mir der Kurs »Korallenriff-Ökologie«. Wir verbrachten drei Wochen auf einer einsamen Insel beim Forschungstauchen. Ich durfte das erste Mal eine Kamera unter Wasser bedienen und beschloss, dass ich das viel öfter machen wollte. Neben dem Studium absolvierte ich meine Ausbildung als Tauchlehrerin und begann, nicht nur das Tauchen zu unterrichten, sondern auch auf Tauchschiffen als Unterwasser-Kamerafrau zu arbeiten. So finanzierte ich mir einen großen Teil meiner Reisen zurück nach Vanuatu.

Das Land und die Freunde, die ich dort gewonnen hatte, ließen mich nicht mehr los. Besonders hatte ich mich mit dem Piloten Franz angefreundet, einem ehemals sehr erfolgreichen österreichischen Arzt. Irgendwann war er mit seinem Leben als Hals-Nasen-Ohren-Arzt nicht mehr zufrieden gewesen und hatte sein Schloss, in dem er wohnte, seine schnellen Autos und seine Privatpatientenpraxis hinter sich gelassen und ein Schiff gekauft. Obwohl er Anfangs nicht hatte segeln können, hatte er es mit *Big Island* um die halbe Welt bis nach Vanuatu geschafft. Dort hatte es ihm so gut gefallen, dass er geblieben war. Nun wohnte er auf seinem Schiff und flog als Buschpilot von »Air Franz« durch die Inselwelt. Ich lernte ihn während unseres Abenteuers auf dem Vulkan kennen und lieben. Franz musste man einfach gernhaben! Mit seinem schneeweißen Rauschebart und seinem immer freundlichen Gesicht sah er aus wie ein Weihnachtsmann. Seine weißen Haare waren zu einem kleinen Pferdeschwanz zusammengefasst und seine Bauchmuskeln ließen manchen Supersportler vor Neid erblassen. Sein Alter verriet er mir nie. Vielleicht 60? Anfang 70? Gefühlt aber eher 16 oder 17.

Ich beschloss, eine Reportage über ihn zu machen und ihn bei seiner Arbeit als Buschpilot zu begleiten. Mittlerweile arbeitete ich jeden Monat für das Kaiserslauterer Stadtmagazin *Willi*. Pro Monat fotografierte und schrieb ich mehrere Doppelseiten. Die Resonanz war super und die Bezahlung war für mich als Studentin auch ein willkommenes Zubrot.

In den ersten australischen Semesterferien packte ich meinen Rucksack und kehrte Townsville für ein paar Monate den Rücken, um in Vanuatu zu leben. Franz empfing mich mit offenen Armen am Flughafen in Port Vila. »Schön, dich zu sehen, mein Schätzchen! Du kannst dich freuen, gleich morgen fliegen wir los, es geht nach Ambrym!« Für einen Kunden musste er dort etwas abholen.

Die Nacht über konnte ich nicht schlafen. Zum ersten Mal seit unserer Vulkanexpedition vor mehr als zwei Jahren würde ich wieder einen Fuß auf die Insel setzen.

Der Ausgang unseres Abenteuers bereitete mir noch immer Bauchschmerzen. Die Einigung, die damals erzielt worden war, war für beide Seiten nicht zufriedenstellend gewesen und unser dramatischer Abgang ebenso wenig. Die aus dem Basislager entwendeten Gegenstände waren nicht wieder aufgetaucht, im Gegenteil. Wir merkten, dass uns doch mehr gestohlen worden war, als zuerst gedacht: Kleinigkeiten wie meine Haarbürste, oder nur ein Schuh. Bei Carsten war es der rechte, bei Chris der linke. Nach der Expedition waren auch allerlei komische Dinge passiert: Es begann in der Hauptstadt Port Vila. Carsten musste noch seine Luftaufnahmen machen, doch im ganzen Land war jedes verfügbare Flugobjekt defekt. Ob es sich um einen der drei Helikopter handelte, oder um eine der vielen Cessnas – keiner wollte, durfte oder konnte fliegen. Als ich wieder zu Hause war, ging jedes elektrische Gerät in meiner Umgebung kaputt. Ob Laptop, Drucker, Desktop-Computer, Funkwecker, Handy oder meine Kamera. Es gab nichts, was noch funktionierte. Ich machte mir wenig Gedanken, bis ich mit Chris telefonierte. Auch ihm erging es ähnlich! Wie merkwürdig. Von Carsten wusste er, dass auch der gerade eine Pechsträhne hatte. Sollte doch etwas dran sein, dass die Bewohner Ambryms schwarze Magie praktizieren? Ich glaube ja nicht an solche Dinge, aber Chris und ich mussten beide zugeben, dass die Häufung der Zufälle merkwürdig schien.

Die Bewohner Ambryms sind in ganz Vanuatu wegen ihrer Fähigkeiten in schwarzer Magie gefürchtet. Bei meinem ersten Besuch nahm ich das nicht wirklich zur Kenntnis. Ich dachte, das sei so eine Redensart, etwas, das man Touristen sagt, um die Reise aufregender zu machen. Es hätte mich stutzig machen müssen, dass es so gut wie keine Touristen auf Ambrym gibt. Die Einheimischen glauben felsenfest an die Kraft von Geistern und daran, dass einige Menschen diese beschwören können.

Nun war es also soweit und ich sollte wieder nach Ambrym zurückkehren. Insgeheim fürchtete ich mich ein wenig. Eine innere Spannung, ein erwartungsvolles Frösteln machte sich breit. Was würde mich erwarten?

Die Cessna von »Air Franz« setzte sich langsam in Gang und rollte über die Startbahn. Der Motor heulte laut auf und wir hoben ab in Richtung Ambrym. Franz warf mir einen aufmunternden Blick zu und überließ mir das Steuer. Damit hatte ich anderes zu tun, als an die Magie der Insel zu denken. Ich war voll und ganz damit beschäftigt, die Maschine auf dem richtigen Kurs zu halten und sie nicht absacken zu lassen. Nach 40 Minuten übergab ich für die Landung das Steuer wieder an Franz. Aufgrund der dicken Wolkendecke über der Landebahn war die Landung nicht so einfach. Franz scherzte: »Schau mal, deine Insel will dich nicht!« Ich fand das weniger komisch. Im zweiten Anlauf gelang Franz die schwierige Landung und wir setzten unsanft auf der Aschepiste auf.

Ich öffnete die Tür und sprang auf den Lavaboden, der federnd nachgab. Ich schnappte meinen Rucksack und wollte loslaufen, als zwischen den Banjanbäumen eine Gestalt aus dem Schatten trat: Samuel, einer der Dorfhäuptlinge, die uns solche Schwierigkeiten bereitet hatten. Er erkannte mich sofort wieder und zuckte zusammen, worauf wir beide lachen mussten. Das Eis war gebrochen, wir setzten uns in den Schatten der großen Banjans und redeten. Mein Bislama war dank Franz' Hilfe auch viel besser geworden und so konnten wir uns offen darüber austauschen, was damals passiert war. Im Nachhinein merkten wir, dass es hauptsächlich einfach nur Missverständnisse waren, die die Situation so eskalieren ließen. Weiße Menschen sind nicht automatisch steinreich und auch in Vanuatu gibt es schwarze Schafe, die Gelder veruntreuen. Schwamm drüber. Auf Bislama sagt man: »*Ale.*« Samuel setzte noch hinzu: »*Gudgudfala!*« – alles gut. Und wie auch schon beim Wort *TokTok* reichte auch hier ein einziges »gut« nicht aus, es musste doppelt sein. Doch so wusste ich wenigstens, dass wirklich alles gut war.

Samuel erkundigte sich auch nach meiner Familie, was mir komisch vorkam, denn er konnte sie gar nicht kennen. Auf meine Nachfrage hin stellte sich heraus, dass auf Ambrym das Gerücht kursierte, ich sei von einem alten Fotografen entführt worden und meine Familie wäre mit dem Schiff aus Deutschland gekommen, um mich abzuholen. Ich musste lauthals loslachen. Carsten ein alter Fotograf? Meine Mutter auf einem Segelschiff? Das war wohl mehr als nur absurd. Samuel musste auch schmunzeln und gemeinsam lachten wir so lange, bis uns die Luft wegblieb. Nachdem ich wieder zu Atem gekommen war, richtete ich Samuel viele Grüße an Jimmy aus. Zum Abschied schenkte ich ihm noch eine Packung Zigaretten – ein kostbares Luxusgut – und dann trennten sich unsere Wege wieder: »*Lukim yu, tata!*« Ja, bis bald. Denn ich fühlte, dass ich nicht zum letzten Mal hier gewesen war. Und wie durch ein Wunder hörte nun auch meine Pechsträhne auf.

Kapitel 4

Acht Jahre später

Acht Jahre nach der Expedition mit Carsten hatte ich es mit viel Durchsetzungsvermögen und harter Arbeit geschafft: Ich hatte meinen ersten Auftrag als Fotografin für *National Geographic*! Es war zwar »nur« für die französische Ausgabe, aber immerhin.

Bei einem Fotofestival hatte ich den französischen Chefredakteur Francois Marot kennengelernt und ihm ein Thema vorgeschlagen, das ihm zu meiner großen Überraschung gut gefiel. Zusätzlich hatte ich der Redaktion ein Portfolio von meinen Bildern präsentiert, die anscheinend überzeugt hatten. Mithilfe von Forschungsgeldern konnte ich somit meine erste eigene, wenn auch kleine Expedition auf die Beine stellen. Ich war sehr stolz über die tolle Chance, die sich mir bot.

Einen Monat lang fotografierte ich auf der Insel Tanna ein Volk, das einen besonderen Bezug zu dem dortigen Vulkan Yasur hat. Alles verlief wie geplant und ich bekam tolle Bilder. Auch das Leben im Dorf gefiel mir. Ich war dreckig mit den schwärzesten Fingernägeln, die man sich nur vorstellen kann, und von oben bis unten mit Flohstichen übersät, aber rundum glücklich.

Die Menschen in Vanuatu sind so fröhlich. Von ihnen strahlt eine innere Ruhe aus. Sie sind zufrieden mit dem, was das Land ihnen schenkt und was sie durch ihre tagtägliche Arbeit auf den Feldern ernten. Junge Frauen in meinem Alter heiraten, bekommen Kinder – je mehr desto besser – und sorgen für sie und ihren Mann. Wenn man alt wird, kümmern sich die Kinder um einen selbst und das Leben geht seinen Gang im Einklang mit der Natur. Man ist glücklich dabei.

Ich konnte mir damals nicht vorstellen, zu heiraten, geschweige denn Kinder zu bekommen, sesshaft zu werden, ein Haus zu bauen und mich um meinen Garten zu kümmern. Dann könnte ich ja gar nicht mehr reisen und darüber berichten! Ich wollte mit meinen Fotos die Menschen zum Nachdenken bringen und sie dazu bewegen, die Umwelt zu schützen. Wie im Gefängnis wäre ich mir vorgekommen, hätte ich daheim im Dorf sitzen müssen. Ich wollte mehr, viel mehr. Ich wollte noch viel mehr von der Welt sehen, noch viel bessere Fotos und Filme machen – und meine Träume leben.

Und immer wieder war er da: der Gedanke an den Lavasee, der Gedanke an den Benbow. Wie oft träumte ich davon, wie oft schaute ich mir Bilder vom Krater an, wie oft überlegte ich, wo man sich wohl am besten abseilen könnte? Ich hatte deswegen sogar mit dem Klettern begonnen, um auf meinen Moment vorbereitet und nicht mehr wie eine blutige Anfängerin auf andere angewiesen zu sein.

Nun war der Moment gekommen, zum Benbow zurückzukehren. Ich war in Vanuatu und hatte noch Zeit, bevor ich die Bilder und den Artikel an das Magazin abliefern musste. Ich wusste, dass ich nicht genügend Seil und Ausrüstung dabei hatte, um es bis nach unten in den Krater zu schaffen. Aber den Vulkan wiedersehen, ja, das wollte ich.

Während des Fotografierens am Yasur Vulkan auf Tanna hatte ich Michel kennengelernt, der als Vulkanführer arbeitete. Nicht nur seine Augen faszinierten mich, sondern auch sein Beruf. Diese Tätigkeit kannte ich bisher nicht! Der Franzose, der in Neukaledonien lebte, begleitete Reisegruppen, deren Teilnehmer sich besonders für aktive Vulkane interessierten. Er erklärte mir, dass er so immer wieder zu »seinen« Vulkanen reisen und sie weiter erforschen konnte. Mir schien das ideal, denn so könnte auch ich in Ruhe die entsprechenden Kenntnisse erwerben und den richtigen Zeitpunkt abwarten, um mich in den Benbow abzuseilen. Michel ermutigte mich, darüber nachzudenken, denn er bekam immer wieder Anfragen von Menschen, die sich besonders für Vulkanfotografie begeisterten. Leider konnte er nicht fotografieren, während ich keine Gruppenreisen anbieten konnte. Wir schauten uns an und wussten in dem Moment, dass wir die gleiche Idee hatten. »*Oui.*« Wir würden gemeinsam nach Ambrym fliegen. Ich würde ihm das Fotografieren beibringen und er würde mir seine Reise zeigen.

Zu meiner allergrößten Freude arbeitete Michel mit Jimmy zusammen. Und als ich in Lalinda von der offenen Ladefläche sprang, landete ich direkt in dessen Armen. Wir stimmten ein Indianergeheul an, sodass im Nu das ganze Dorf zusammenkam und mich ebenfalls freudig begrüßte. Es war so schön, wieder hier zu sein! Die Unstimmigkeiten von der Expedition waren gänzlich vergessen und Jimmy quetschte mich sofort aus, wie es Carsten und Chris ginge und was mir alles nach der Expedition widerfahren wäre. Ich erzählte, dass wir nach wie vor in Kontakt standen und auch mehrmals gemeinsam unterwegs gewesen waren, zum Beispiel am Ätna und im Kongo. Für mich war das Wiedersehen mit Jimmy eine große Freude und es fühlte sich gut an, an die gemeinsame Vergangenheit anzuknüpfen.

Am nächsten Tag liefen wir zu dritt los: Jimmy, Michel und ich. Diesmal ohne eine Trägerkarawane. Beim ersten Mal war mir der Weg zum Vulkan endlos und als eine riesige Herausforderung erschienen. Mittlerweile hatte ich bei interessanten Aufträgen als Film- und Fotojournalistin auf der ganzen Welt eine Menge Ausdauer sammeln dürfen. Ich war gut trainiert und Michel, der vor mir herlief, ebenso. Er entsprach dem Klischee einer idealen Männerfigur: athletischer Körper, starke Muskeln, kein Gramm Fett zu viel und eine wirklich bemerkenswerte Rückenansicht.

Aus meinem Tagebuch: »*Nach drei Stunden strammen Marsches durch den Wald erreichen wir den Kraterrand. Wie vor acht Jahren überwältigt mich dieser Anblick. Die große Weite, die Unwirklichkeit, die Trostlosigkeit, die zugleich voller Energie ist. Mir kommen die Tränen, so überwältigt bin ich. Mir kommt es vor, als sei das kleine Mädchen von damals erwachsen geworden, aber ohne die Träume zu verlieren. Ein wunderbares Gefühl. Zum Glück sieht keiner meine Tränen, denn sie vermischen sich mit dem sauren Regen. Jimmy, Michel und ich sind komplett durchnässt. Werden wir den Lavasee sehen? Wenn sich die Wolken nicht verziehen, werden wir die geplanten fünf Tage im Regen verbringen. Hoffentlich ist uns der Vulkangott von Ambrym gnädig gestimmt. Mittlerweile sage ich solche Dinge nicht leichtfertig daher, ich hoffe es wirklich. Mir ist kalt, das Wasser läuft mir den Rücken hinunter. Meine Schuhe sind durchweicht, die Hosen nass. Zum Glück sind meine Packsäcke für das Equipment wasserdicht! Alles ist trocken geblieben. Inzwischen habe ich gelernt, alles regenfest einzupacken. Ich baue mein Zelt in dem Basislager auf, das wir schon mit Carsten und Chris nutzten. Der Regen wird stärker. Aus dichten Regenwolken fallen große Tropfen, die vom Wind über die Ascheebene gepeitscht werden.Wir laufen trotzdem los. Ich will zum Vulkan! Wir trotzen sechs Stunden lang dem Regen und dem Wind. Wir laufen zum Benbow, zum Marum und wieder zurück. Nichts. Alles ist nass, meine Finger sind runzlig vor lauter Nässe. Der saure Regen brennt in den Augen. Ambrym zeigt sich unfreundlich, die Vulkane wollen mich nicht haben.*«

Die rosa Unterhose

Zurück im Basislager stellten wir fest, dass das Zelt von Michel undicht war. Ich wusste nur zu gut, was es bedeutete, in einem undichten Zelt auf Ambrym im Regen zu sitzen und bot ihm ein Plätzchen in meinem geräumigen Zelt an – Jimmys Zelt war zu klein für zwei Personen. Wir waren bis auf die Haut durchnässt und Michel zog sich bis auf seine Boxershorts aus. Ich traute meinen Augen nicht. Wenn er optisch bis dahin den perfekten Mann abgegeben hatte, dann kam jetzt der große Rückschlag. Anders kann man eine rosa Unterhose wohl kaum bezeichnen. Ich wusste nicht, ob ich lachen oder weinen sollte! Wir verbrachten drei Tage eingeschlossen im Zelt und irgendwann konnte ich den Anblick seiner rosa Unterhose nicht länger ertragen. Ich beschwerte mich und Michel tat das einzig richtige in dieser Situation und zog sie aus. Von da an vergingen auch die Stunden im Zelt wie im Flug und von Langeweile war bei uns beiden nichts mehr zu spüren.

Nach fünf ausnahmsweise nicht langweiligen Regentagen in der Caldera gaben wir auf. Wir hatten uns viele Gedanken gemacht, wie viele Schattierungen von Grau es wohl gäbe, aber den Vulkanen waren wir nicht nähergekommen.

Jimmy hatte uns erzählt, dass Benbow und Marum beide einen großen Lavasee hätten. Wir hatten leider nur Rauch und Regen gesehen. Trotzdem war es wunderschön, wieder hier zu sein, besonders mit Michel. Abgesehen von den rosa Unterhosen hatte er denselben Geschmack wie ich und wir hatten jede Menge Spaß. Jimmy schmunzelte nur.

Wir hatten uns einen Unterstand aus Palmenblättern gebaut und konnten so im Trockenen ein Feuer zum Kochen anzünden. Dort saßen wir gemeinsam am Feuer, lachten und unterhielten uns. Wir hatten uns hier oben eine eigene kleine Welt geschaffen, mitten im Regen, mitten in der Wüste und mitten im Nirgendwo. Jimmy, Michel und ich.

Zurück im Dorf bereitete ich mich schweren Herzens auf den Rückflug in die Realität vor, als unser Flug in die Hauptstadt abgesagt wurde. Michel und ich saßen fest, der Flug wurde auf den folgenden Tag verschoben. Ambrym ließ wieder einmal seine Magie spielen. Doch auch am nächsten Tag ging kein Flieger. Es schien, als wenn irgendetwas wollte, dass ich noch mehr Zeit hier verbringe und vielleicht auch, dass ich noch mehr gemeinsame Momente mit Michel erlebe. Uns störte das keineswegs. Wir hatten mein Zelt auf einer Klippe über dem Meer in einem einsamen Palmenhain aufgeschlagen und genossen die Zeit. Wir hatten viel Zeit, uns langsam kennenzulernen. Aber den letzten Schritt wollten wir beide nicht machen. Das sollte erst ein halbes Jahr später passieren und erst ab diesem Moment waren der vulkanverrückte Franzose und ich ein Paar.

Ich hatte auch Gelegenheit, mich mit den Dorfhäuptlingen zu treffen und ihnen von meinen Vulkanreiseplänen zu erzählen. Wir saßen wie beim letzten Mal mit Häuptling Samuel im Kreis unter dem großen, ausladenden Banjanbaum im Schatten und ich ergriff das Wort. Ich bedankte mich bei den Häuptlingen, dass sie uns vor acht Jahren geholfen hatten, die Expedition durchzuführen, und erklärte, dass aufgrund der Bilder und des Films nun Menschen aus anderen Ländern nach Ambrym kommen möchten. Wie ich es in meinem Umweltmanagement-Studium gelernt hatte, zeigte ich ihnen die Vorteile auf, die Tourismus mit sich bringt, war aber ehrlich, und vergaß auch nicht, die Nachteile zu erwähnen. Das Dorf müsste zusammenarbeiten und die Arbeit gerecht verteilen, sodass die fragile Dorfstruktur, in der jeder jedem hilft und keiner auf den anderen eifersüchtig ist, nicht zerstört werden würde. Ebenso durften keine falschen Erwartungen geweckt werden: Mehr als zwei Reisen pro Jahr würde es für den Anfang nicht geben. Ich versprach, immer eine Mindestanzahl an Trägern einzusetzen und mindestens drei Tage mit den Touristen im Dorf zu bleiben. So sollten sie das traditionelle Leben verstehen lernen und im Dorf für Beschäftigung sorgen. Ein wichtiges Anliegen war und ist mir der Austausch zwischen den beiden unterschiedlichen Welten. Die mangelnde Kommunikation und das fehlende Verständnis für das Gegenüber hatte ja auch bei der *National Geographic* Expedition zu den meisten Problemen geführt.

Auf Ambrym war die Moderne noch lange nicht angekommen. Es gab keinen Strom, keine Computer, keine einzige befestigte Straße und es gab weniger als zehn Autos auf der ganzen Insel, die fast so groß wie Rügen ist. Auf Rügen leben allerdings knapp 80 000 Menschen, auf Ambrym ungefähr 7000.

Die Dorfhäuptlinge besprachen das Gesagte untereinander in ihren lokalen Sprachen, die ich nicht verstehen konnte. Ich beobachtete die Gesichter genau, aber ich konnte nicht erkennen, ob sie sich zustimmend oder ablehnend äußerten. Die Sonne stand schon tief und die Zikaden begannen zu zirpen, als Samuel eine Handbewegung machte. Er bat Michel, mitzukommen. Ich war nervös, denn nun wurde entschieden. Ohne mich!

Hokus Pokus und die Männerrunde

In ganz Vanuatu ist die Stunde des Sonnenuntergangs Kava-Zeit. Jeden Abend treffen sich alle Männer eines Dorfes in der Nakamal, dem »Ort des Friedens«, um gemeinsam Kava zu trinken. Aus pulverisierten Wurzeln der Kava-Pflanze, die mit dem schwarzen Pfeffer verwandt ist, wird das gleichnamige Getränk zubereitet. Das Pulver wird mit Wasser angerührt. Es schmeckt nach einer Mischung aus Erde und Holz. Früher war auch noch Speichel beigemischt, denn traditionell wird die Kava-Wurzel von noch nicht beschnittenen Jungs gekaut und zerkleinert wieder ausgespuckt. Das Gebräu wird in Kokosnussschalen getrunken. Man muss eine *shell* auf einen Zug austrinken und anschließend gehört es zum guten Ton, lautstark alles wieder durch die Nase nach oben zu ziehen und geräuschvoll auszuspucken. Die Frauen dürfen dabei nicht einmal in die Nähe der Nakamal kommen. Sie bereiten das Essen für die Männer vor und gehen nach getaner Arbeit gemeinsam schwimmen. Auch sie genießen die Zeit ohne das andere Geschlecht!

Ich schloss mich meinen neugewonnenen Freundinnen an und ließ mich im warmen Wasser des Pazifiks treiben. Um den Badespaß perfekt zu machen, gab es hier heiße Quellen vom Vulkan, sodass ich nicht nur warmes Wasser hatte, sondern auch ein leichtes Sprudelbad. Mittlerweile war es dunkel und über mir funkelten die ersten Sterne. Man braucht wirklich nicht viel im Leben, um glücklich zu sein, und genau das war ich in diesem Moment. Einfach nur glücklich.

Michel torkelte mir freudestrahlend entgegen. Kava macht leicht euphorisch und gesprächig, führt aber auch zu Entspannung und Ruhe. Je nachdem, wie viele Kokosnussschalen man von dem Getränk zu sich genommen hat, kann man auch ganz schön »betrunken« sein. So, wie Michel es in dem Moment war. Er hatte mit allen Männern Kava trinken müssen, bevor es beschlossene Sache war: Ich durfte mit Touristen wiederkommen!

Vier Tage später flogen wir nach Port Vila. Dort wartete die Realität auf mich. Aber war sie das wirklich? War die Realität nicht dort, wo die Menschen im Einklang mit der Natur leben, wo sie die Früchte ihrer Arbeit ernten? Wo die Naturgewalten über das Leben der Bewohner bestimmen und nicht die Menschen über die Natur? Mein Entschluss stand fest: Ich wollte so schnell wie möglich zurückkommen. Inwieweit das auch mit Michel zusammenhing, wollte ich mir nicht eingestehen. Aber auf jeden Fall war auch er von meinem Traum begeistert, mich in den Vulkan abzuseilen.

Michel und ich blieben über Skype und mithilfe vieler E-Mails in Kontakt. Wir tauschten uns jeden Tag aus und lernten, uns gegenseitig alles anzuvertrauen. Meine Sehnsucht nach ihm wuchs mit jedem Tag. Ich wollte den verrückten Chaoten wiedersehen und mit ihm gemeinsam nicht nur die Vulkane, sondern auch unsere Gefühle füreinander erkunden.

Es dauerte zwar einige Monate, aber schließlich kehrte ich zurück. Für ein französisches Magazin durfte ich eine Fotoreportage über Michels Arbeit als Vulkanreiseleiter machen und ihn begleiten. Meine erste eigene Reise fand im Anschluss statt und war schon ausgebucht. Ich freute mich riesig auf die vor mir liegenden Abenteuer, auf Michel und darauf, »meinen« Vulkan endlich ohne Regen wiederzusehen!

In Lalinda warteten schon alle auf uns. Jimmy hatte ein Festmahl zubereiten lassen: Verschiedene Frauen des Dorfes kochten jeweils ein Gericht. So verdiente jeder ein bisschen etwas und wir kamen in den Genuss der besten Kochkünste von Lalinda: Uns zu Ehren wurde ein Huhn geschlachtet, es gab Kürbis und Süßkartoffeln in Kokosmilch, gerösteten Maniok, Kochbananenchips und viel Obst.

Wir ließen Michels kleiner Reisegruppe den Vortritt. Mein Freund hatte sechs Touristen dabei, alle aus Frankreich. Der älteste Teilnehmer hieß auch Michel und war über 70 Jahre alt. Für ihn erfüllte sich mit der Reise ein Lebenstraum. Er sagte, es würde ihm nichts ausmachen, beim Vulkan zu sterben, da er ohnehin schon steinalt sei. So lange wollte ich auf keinen Fall mit der Verwirklichung meines Traumes warten!

Jimmy riss mich aus meinen Überlegungen. »Ulla, ich muss dir etwas anvertrauen, ein Geheimnis. Hast du kurz Zeit?« Mit flüsternder Stimme erklärte mir Jimmy, dass es jemanden gäbe, der mir helfen könne, dass ich nicht immer solch ein Pech mit dem Wetter habe. Sein Name sei ZakZak. »Mit ihm musst du dich gut stellen. Er ist der Hüter des Vulkans.« Sofort war meine Neugier geweckt. Ich bat Jimmy, mich zu ZakZak zu bringen, aber er musste erst einen Boten schicken, um zu fragen, ob ZakZak mich empfangen würde.

Nach zwei Stunden Warten kam der Bote mit einer positiven Antwort zurück: Ja, ZakZak wolle mich kennenlernen.

Der »Hüter des Vulkans« wohnte mitten im Dorf. Schon oft war ich an seiner kleinen, palmenbedeckten Hütte vorbeigelaufen, ohne sie richtig zu bemerken. Vor seinem Haus hing ein zur Hängematte umfunktioniertes Treibnetz. Darin schaukelte ein schmächtiger, rotznäsiger Junge, der sofort aufsprang und aufgeregt hinter das Haus rannte. Dort wartete ein jugendlicher Mann in beigen langen Hosen und einem zerrissenen T-Shirt über einem muskelbepackten Oberkörper. Neben dem Hünen Jimmy wirkte er wie ein Zwerg. Sein Gesicht unter den kurzgeschorenen Haaren war leicht rundlich, ohne dick zu sein. Er blickte zu Boden. »Das soll ZakZak sein?«, dachte ich. So hätte ich mir einen Vulkanflüsterer nicht vorgestellt! Er war gerade etwas älter als ich und hielt mir seine schwielige Hand hin. Ich zuckte kurz zusammen, als ich sie ergriff. Trotz des heißen Tropentages war sie eiskalt. Er zog die Mundwinkel zu einem Lächeln nach oben, schaute mich jedoch nicht an.

Jimmy vermittelte: »ZakZak, Ulla möchte Touristen auf den Vulkan führen. Kannst du da etwas tun?« ZakZak drehte sich um und ging ohne ein Wort zu seiner Feuerstelle. Die Glut kokelte noch vor sich hin, ein dünner Rauchfaden stieg in die Luft. Mit einem aus Palmenblättern geflochtenen Fächer entfachte ZakZak das Feuer. Er hatte noch immer kein Wort mit mir gesprochen. Ich fühlte, wie Angst in mir hochstieg. Ich schluckte. Wer war dieser merkwürdige Mensch? Ich versuchte, Augenkontakt mit ihm herzustellen, doch er schaute zu

Boden. Ich war irritiert. Er gab mir noch nicht einmal die Chance, ihn anzulächeln und eine Verbindung aufzubauen. Hilfesuchend schaute ich zu Jimmy. Normalerweise war ich nicht so schnell einzuschüchtern!

Jimmy gab mir ein Zeichen zu gehen. Nun war ich noch verwirrter. Ich glaubte doch gar nicht an den ganzen Hokus Pokus! Das war Quatsch, es gibt keine Menschen, die mit Vulkanen reden können. Ich legte mich vor der Hütte in die Fischernetz-Hängematte, blickte in die Krone des alten Mangobaumes über mir und wartete. Ich ärgerte mich, dass ich auf so etwas hereingefallen war. »Schwarze Magie und überhaupt, da will sich jemand wichtigmachen und als nächstes will er auch noch Geld dafür«, dachte ich. So war es auch. Jimmy tauchte auf und fragte mich, ob ich 5.000 Vatu für ZakZak hätte. Das waren knapp 50 Euro! Dafür, dass er mich so unfreundlich behandelt hatte? Nein, so nicht. Ich erklärte Jimmy, dass ich das nicht einsehen könne. In Deutschland bezahle man für Leistungen und nicht für einen Titel. Zumindest meistens. Ich versuchte mein Bestes, Jimmy zu erklären, warum ich nicht bezahlen wollte. Der schüttelte verständnislos seinen Kopf und verschwand wieder.

Am nächsten Morgen liefen wir noch vor dem Sonnenaufgang los. Jeder der sechs Gäste hatte einen Träger für seinen Rucksack, zwei Träger schleppten das Essen und zwei weitere trugen Wasserkanister auf den Schultern.

Hinzu kamen Jimmy und ein Guide namens Gideon. Ronny, der neugierige Rasta-Man, den ich noch von der *National Geographic* Expedition in guter Erinnerung hatte, war zu meinem Bedauern auf eine andere Insel gezogen. Der kleine Trupp schlängelte sich durch den Regenwald. Es galt, die Reiseteilnehmer auf dem Marsch zu unterhalten. Michel schien überall und nirgends zu sein. Mal lachte er mit dem jungen Pärchen aus den französischen Alpen an der Spitze der Truppe, mal half er dem anderen Michel, seinen Tagesrucksack besser zurechtzuschnallen. Alle 30 Minuten gab es eine kurze Pause mit spannenden Erklärungen und kleinen Dingen zum Entdecken. Bei der ersten Rast bekam jeder eine Kokosnuss, in der nächsten Pause verschwand Michel mit seiner Machete im Busch und kam mit einer abgeschnittenen Liane wieder, die er waagrecht vor sich hielt. »Mache deinen Mund auf, ma belle!« Michel hielt die starre Liane, die eher wie ein normales Stück Holz aussah, senkrecht über meinen geöffneten Mund – und zu meiner Überraschung kam erfrischendes Wasser heraus. Jeder durfte einmal probieren, die Liane reichte für alle. Dann erklärte Michel, welches Blatt man nicht verwenden solle, wenn man auf die Toilette im Busch müsse und kein Klopapier zur Verfügung habe.

Die Einheimischen, denen kein Toilettenpapier zur Verfügung steht, verwenden ein großes, weiches Blatt. Das funktioniert bestens, solange man das Blatt nicht verwechselt. Im Dschungel wächst nämlich eine Pflanze, die genauso aussieht, aber Nesselhärchen auf der Unterseite hat, die fürchterlich brennen und einen starken Juckreiz hervorrufen, der stundenlang anhalten kann. Ein ehemaliger Reiseteilnehmer von Michel hatte einmal das Blatt verwechselt und es als Klopapier verwendet, ein unvergessliches Erlebnis für unsere einheimischen Freunde: Jimmy imitierte wieder und wieder den Laufstil des Unglücklichen und seine verzweifelten Versuche, den Juckreiz loszuwerden.

So verging der Aufstieg wie im Flug. Wir brauchten knapp fünf Stunden bis ins Basislager. Dann stand ich wieder vor der Düne, bei der man einen Schritt vor ging und zwei Schritte zurückrutschte. Diesmal war das Wetter jedoch wunderbar. Ich machte die letzten Schritte im Wald, dann stand ich im Freien auf der Anhöhe und blickte über die ganze Caldera. Wie bei meinem allerersten Besuch konnte ich jetzt die Vulkane sehen, die ihre Gase gen Himmel schickten. Und wieder fiel mir dieses Wort ein: majestätisch. Vor Rührung stiegen mir die Tränen in die Augen. Ich war so unendlich froh, hier stehen zu dürfen und nochmals an diesen wunderbaren Ort zu kommen. Wie viele Menschen hatten dieses Glück? Für mich war die Caldera einer der schönsten Plätze auf Erden. Wo auf der Welt hat man solche Vielfalt auf kleinem Raum, wo solche Anmut, solche Größe und dennoch solche Wildheit und Urkraft der Natur?

Michel umarmte mich stürmisch von hinten und wirbelte mich einmal im Kreis. »*Bienvenue sur nos volcans, ma belle!*« Meine Tränen waren verflogen und wir stürzten gemeinsam überglücklich in die weiche Asche.

Vor acht Jahren war ich an genau dieser Stelle gestanden, wo ich jetzt im warmen Vulkansand ausgestreckt auf dem Rücken lag. Mir kam es vor, als wäre ich damals eine andere Person gewesen. Damals hatte ich mich kaum getraut, den Mund aufzumachen und Fragen zu stellen. Ich hatte bei der großen Expedition, wo alle so viel mehr gewusst und gekonnt hatten als ich, nicht auffallen und im Weg sein wollen. Nun war ich diejenige, die Informationen geben konnte und die sich auskannte. Jedenfalls in den Augen unserer Touristen. Ich hatte keinem verraten, dass ich hier schon viele Tage verbracht, aber fast nur Nebel gesehen hatte.

Doch der Anblick heute entschädigte für alle Regentage, die ich hier schon miterlebt hatte. Die Landschaft trug ihr Sonntagskleid, als hätte sie sich schick gemacht für unsere Reisegruppe. Alle fotografierten eifrig und waren nur mit dem Ausblick auf eine warme Mahlzeit zum Weitergehen zu bewegen. Den Rest des Nachmittages verbrachten wir damit, das Camp herzurichten, die Küche aufzubauen, die Vorräte zu sortieren und Wasser von der Quelle zu holen. Nun kannte ich selbst alle notwendigen Handgriffe und erinnerte mich mit einem Lächeln an das kleine Mädchen vor acht Jahren, das die großen Jungs bewundert hatte, die so genau wussten, wie man ein Lager im Dschungel errichtet.

Michel und ich bauten unser Zelt auf einer Anhöhe weit abseits von allen mit Blick auf die Vulkane auf. Als die Gruppe am Abend endlich versorgt war und alle satt, erschöpft, aber hoffentlich zufrieden in den Zelten lagen, begann unsere Zeit. Wir hatten die Vulkane ganz für uns und durften das immerwährende Spektakel des wallenden Rauches der ewig glühenden Feuerberge bewundern. Ich lag im offenen Zelt und schaute staunend in den roten Nachthimmel. Über uns funkelten die Sterne. Es war ein Moment für die Ewigkeit. Ich fühlte mich eins mit der Natur. Michel sah mich an und wir beide wussten, dass der Moment, auf den wir so lange gewartet hatten, gekommen war. Wir hätten uns keinen besseren Ort für unser erstes Mal aussuchen können.

Am nächsten Morgen grinste Jimmy übers ganze Gesicht. Er fand, dass es die ganze Nacht über heftige Erdbeben gegeben hatte, die ganz besonders unser Zelt zum Wackeln gebracht hätten. Männer! Auf der ganzen Welt, so scheint es, sind sie gleich! Immer einen dummen Spruch auf den Lippen. Wie er das wohl herausbekommen hatte? Michel meinte, ich solle mich doch einmal anschauen, so verstrubbelt und zerzaust, wie ich sei. Stimmt. Das hatte ich fast vergessen. Es ist komisch, wie schnell man sich daran gewöhnt, nicht mehr in den

Spiegel zu schauen. Unser Abflug in Port Vila, wo ich das letzte Mal in den Spiegel der Flughafentoilette geblickt hatte, lag vier Tage zurück. Mir reichte es vollkommen, dass ich gesund und fit war und dass ich jemanden hatte, der mir sagte, dass ich toll aussah. Auch wenn das in dem Moment definitiv nicht dem Frauenbild der Hochglanzmagazine entsprach. Manchmal ist eine spiegellose Zeit wie ein Urlaub von seinem Selbst. Nicht, dass ich das im Moment nötig gehabt hätte – ich hätte am liebsten die ganze Welt umarmt! Hinzu kam, dass wir planten, uns am nächsten Tag auf die erste Terrasse des Benbow abzuseilen, dorthin, wo wir mit *National Geographic* so viele Tage übernachtet hatten, ohne den Lavasee je zu Gesicht zu bekommen. Diesmal standen die Chancen gut, denn das Wetter sollte halten.

Einen Tag später standen wir am Kraterrand des Benbow. Michel und Jimmy benutzten eine andere Stelle zum Abseilen als damals Carsten und Chris, eine, die nicht so steil war. Trotzdem waren die Reiseteilnehmer nervös. Nur drei wollten in den Krater, einer davon war der andere Michel, den wir nur »*Vieux Michel*« nannten. Er wollte unbedingt hinunter. Mit seinen schneeweißen, abstehenden Haaren und der knallroten Jacke sah er aus wie ein Weihnachtsmann, aber ein sehr entschlossener. Er konnte es nicht mehr abwarten und freute sich wie ein kleines Kind auf das große Fest. »Mein« Michel ging vor, um ihn unten in Empfang zu nehmen.

Ich band unsere Reiseteilnehmer in das Seil ein. Mittlerweile hatte ich durch mein Klettertraining gelernt, wie das ging. Jimmy überprüfte noch einmal die Seilverankerungen, während ich *Vieux Michel* fotografierte und ihm zuschaute, wie er immer kleiner und kleiner wurde, bis er nur noch ein winziger roter Punkt im großen grauen Krater war. Als ich an der Reihe war, musste ich schmunzeln. Beim ersten Mal war mir das Abseilen in den Vulkan wie eine der schwierigsten Herausforderungen meines Lebens vorgekommen. Jetzt lief ich leichtfüßig nach unten.

Es war etwas ganz anderes, für andere verantwortlich zu sein und seine Energie darauf konzentrieren zu müssen, dass nichts passiert und dass alle heil ankommen. Ich musste zwar höllisch achtgeben, dass mir selbst nichts zustößt, denn das hätte erst recht das Aus der Reise bedeutet, doch es freute mich sehr, dass ich jetzt soweit war, meinen Fokus auf andere richten zu können und verantwortlich zu sein. Na ja, fast zumindest. Zum Glück gab es noch Michel.

Unten im Vulkan waren die Gase ein wenig dichter, aber nichts im Vergleich zu meinem Aufenthalt mit Carsten. Ein Reiseteilnehmer reagierte panisch, weil er mit der Gasmaske nicht zurechtkam und wieder zurück nach oben wollte. Doch der Weg aus dem steilen Krater senkrecht nach oben dauerte eine Stunde und war sehr anstrengend. Wenn die Gase so dicht waren, musste man auf jeden Fall mit Maske arbeiten und dabei war es wichtig, sich im Schneckentempo zu bewegen und nicht voller Angst nach Luft zu schnappen oder zu hyperventilieren – das hätte besonders für Asthmatiker oder Menschen mit schwachen Bronchien sehr gefährlich werden können.

Michel bat den großen Mann, sich zu setzen und redete beruhigend auf ihn ein, bis seine breiten Schultern nach unten fielen und er sich entspannte. Ich hatte das schon öfter am Telefon erlebt; mein Freund konnte scheinbar Probleme in Luft auflösen. Vielleicht war es eine Kombination des französischen *Savoir-vivre* mit der Entspanntheit des Insellebens in Neukaledonien, seinem Wohnort? Oder einfach nur seine Art, alles nicht so ernst zu nehmen? Michel schaffte es auch hervorragend, durch Lob an der richtigen Stelle seinem Gegenüber Zuversicht und Vertrauen in die eigenen Fähigkeiten zu schenken.

Der Reiseteilnehmer lächelte wieder und es ging weiter. Zum Glück verzogen sich die Gase auch etwas, und ich benötigte noch nicht einmal meine Maske. Wir waren auf der ersten Terrasse. Dort, wo damals unsere Zelte gestanden hatten. Nun musste ich noch zehn Minuten gehen und den Wall erklimmen, der mich von dem Lavasee trennte. Ich hörte das Brodeln des Sees. Mit jedem Schritt wurde es lauter und eindringlicher. Es fiel mir unsagbar schwer, langsam hinter den Teilnehmern herzulaufen, doch ich war nicht die einzige. Michel und ich verständigten uns rasch mit Blicken und eilten der Gruppe voraus. Sie würden schon nachkommen!

Vergängliche Kunst

Nun stand ich an der Kante. Ein Schritt trennte mich vom Lavasee und davon, mir den Krater anschauen zu können und zu sehen, ob es überhaupt machbar wäre, sich weiter abzuseilen. So viele Jahre hatte ich meinen Traum geträumt, ohne zu wissen, ob es überhaupt möglich sein würde, ihn zu realisieren. Ich trat an den Abgrund heran. Der Lavasee war wunderschön! Groß und lebendig wallte das rote Meer von einer Seite zur anderen. Die Lavafontänen spritzten nach oben. Sie bildeten einmalige und einzigartige Kunstwerke in der Luft, die für Sekunden da waren und sofort wieder vergingen. Jede Fontäne schickte ihren heißen Gas-Atem nach oben. Unglaublich schön und faszinierend. Wieder überkam mich dasselbe Gefühl wie vor acht Jahren: Ich wollte da hinunter! Der Lavasee war noch ungefähr 400 Meter entfernt. Im Norden war eine kleine Terrasse, auf der man relativ sicher stehen konnte, da die Lavaspritzer nicht bis dorthin kamen. Doch bis dahin war es ein weiter Weg! Unter mir klaffte der Abgrund. Es ging senkrecht nach unten, die Steine waren nur lose in der weichen Asche verankert. Beim Abseilen würde man unweigerlich die Felsbrocken auf den Kopf bekommen oder sie

1999 – Mein erster Blick in den Lavasee auf Ambrym.

2011 – Basti macht mir im Krater des Benbow einen Heiratsantrag.

▲ Bei all meinen Reisen ist der enge Kontakt mit den Menschen vor Ort sehr wichtig und ich habe unglaublich viel von meinen Freunden gelernt.

▼ Blick vom Benbow auf die Ascheebene. Insgesamt schleppen wir mit unseren Freunden und Trägern mehr als 250 Kilogramm Equipment in den Vulkan, um uns 600 Meter nach unten abzuseilen.

▲ Bei meinen Freunden in Vanuatu, wo ich viele Monate lang ein traditionelles Leben führte. Diese Foto entstand am Anfang – wie man unschwer erkennen kann.

► Beim Fischen auf Tikopia, einer kleinen Insel mitten im Pazifik, habe ich das Einbaumfahren gelernt.

► Familienfoto: Mit Basti und meinen Schwiegereltern bei Gedeon, seiner Frau Etna und ihrer kleinen Tochter Ulla.

2014 – Der gescheiterte Versuch. Beinahe
wären wir für immer im Vulkankrater geblieben.

Mein Traum geht in Erfüllung.

würden auf das Seil fallen, was für das Endresultat keinen Unterschied machen würde.

Die anderen waren mittlerweile auch eingetroffen. Keiner sagte ein Wort. *Vieux Michel* kullerte eine Träne über die Wange. Ich hätte am liebsten mitgeheult, so schön fand ich es, dass er seinen Traum noch erleben durfte. Ich fasste den festen Vorsatz, auch meine eigenen Träume nicht auf die lange Bank zu schieben, doch im Moment schien mir mein Unterfangen aussichtslos. Zumindest an dieser Stelle. Michel und ich nahmen uns vor, bald wiederzukommen und zu versuchen, um den Krater herumzulaufen, um andere Stellen zu erkunden. Mit unseren Reiseteilnehmern konnten wir dies nicht tun, es wäre viel zu gefährlich gewesen. Wir konnten auch nicht länger hierbleiben, denn wahrscheinlich würden unsere Gäste eine Weile für den Rückweg brauchen und wir wollten mit ihnen auch nicht in der Dunkelheit über die schmalen Grate zurückwandern müssen.

Zwei Wochen später war ich wieder am Benbow. Diesmal ohne Michel. Unsere gemeinsame Reise endete mit einem Besuch der Insel Tanna, wo wir uns kennengelernt hatten. Er musste nach Neukaledonien zurück, wo ich ihn im Anschluss an meine eigene Vulkanexpedition besuchen wollte. Gedeon aus Endu am Ostende von Ambrym und Jimmy begleiteten meine Gruppe, die aus neun sehr fitten jungen Männern bestand. Das Wetter und die Bedingungen waren perfekt und alle wollten sich in den Vulkan abseilen. Normalerweise ging Gedeon, der von Jimmy als Guide ausgebildet worden war, wieder mit den anderen ins Lager zurück. Heute schlug ich ihm vor, mit uns nach unten zu kommen und endlich einmal selbst den Lavasee zu sehen. Gedeon war fünf Jahre jünger als ich, er war auf den ersten Blick ein sehr ernsthafter, zurückhaltender Guide, der von sich aus nicht viel sagte, aber unglaublich hilfsbereit und zuverlässig war. Er war eine perfekte Ergänzung zu Jimmy, der mit seinen lustigen Sprüchen und seiner lauten Stimme mühelos das ganze Camp unterhielt. Wenn man Gedeon direkt ansprach, bekam man immer eine reflektierte, wohlüberlegte Antwort. Außerdem hatte er große rehbraune Augen mit den längsten Wimpern, die man sich vorstellen kann. Sein Blick war so wohltuend wie eine Tasse heiße Schokolade an einem kalten Wintertag. Gerade blickte er aufgrund meines Vorschlages etwas verschreckt – wie ein Rehkitz im Scheinwerferlicht. Jimmy und ich mussten lauthals lachen und Gedeon stimmte ein. Wir drei waren ein tolles Team! Gemeinsam schafften wir es, die Kunden mit Klettergurten auszustatten, anzuseilen und heil auf die erste Terrasse des Vulkans zu bekommen. Nun stand Gedeon vor dem Lavasee, der sich in seinen großen Augen spiegelte. Ich musste an das erste Mal denken, als ich einen Lavasee erblickt hatte. Das Erlebnis hatte mein Leben nachhaltig beeinflusst. Wie es wohl Gedeon ergehen würde? Erst am Abend zuvor am Lagerfeuer hatte er mir verraten, dass auch er, wie so viele andere in seinem Dorf, an die Magie des Vulkans glaubte. Der Krater sei ein geheimer Ort, von dem eine Kraft ausgehe, die – je nachdem, wer sie benutze – auch zerstörerisch sein könne. Irrte ich mich, oder hatte auch er verdächtig schimmernde Augen? Wieso brachte dieser Vulkan alle zum Weinen? Mit leiser Stimme bedankte sich Gedeon bei mir. Damals wussten wir noch nicht, dass er eine Frau mit dem italienischen Namen eines Vulkans – Etna – heiraten und dass er seine Tochter nach mir benennen würde.

Wir waren einfach nur froh, hier unten zu stehen und dem Auf und Ab des Lavasees zuschauen zu können. Die Zeit verging wie im Fluge. Als die Dämmerung hereinbrach, bekam ich einen Schreck: Wir waren immer noch am Lavasee! Der Aufstieg im Dunkeln würde zwar gefährlich werden, aber das Spektakel vor unseren Augen war schlichtweg viel zu eindrucksvoll, um uns losreißen zu können. Die »blaue Stunde« brach an: die Zeit nach dem Sonnenuntergang mit tiefblauem, strahlendem Himmel. Gleichzeitig wurden die Farben des Lavasees immer deutlicher sichtbar, die Rottöne und Gelbschattierungen funkelten. Die Gase nahmen Farbe an und leuchteten hell in der aufkommenden Dunkelheit. Ich konnte mich nicht trennen. Niemand wollte dieses gewaltige Naturschauspiel, das nur ganz wenige Menschen auf der Welt je zu Gesicht bekommen, verlassen. Es fiel mir unendlich schwer, Benbow den Rücken zu kehren. Aber irgendwann musste es sein. Ich besprach mit Jimmy und Gedeon, dass die beiden vorausgehen sollten. Ich wollte das Schlusslicht sein und mir damit ein ganz besonderes Geschenk machen: Ein paar Minuten alleine am Kraterrand »meines« Vulkans. Außerdem musste ich aufs Klo und bei so vielen Jungs ist es manchmal eine Herausforderung, den geeigneten Platz zu finden. Welche Toilette der Welt hat solch eine Aussicht? Leider konnte ich den Abschied nicht noch weiter hinauszögern. Die anderen hatten schon mit dem Aufstieg am Seil begonnen. In der Ferne sah ich die Taschenlampen wie winzige Glühwürmchen nach oben flimmern. Ein letztes Mal blickte ich in den Lavasee. Irgendwie hatte ich wieder das Gefühl, ich müsste mich beim Vulkan bedanken. Als ob er lebendig wäre! Zögerlich, weil ich mir erst selbst eingestehen musste, dass ich mit einem Vulkan redete, sagte ich: »Danke! Danke Benbow. Danke, dass nichts passiert ist, dass meine erste Reise so gut lief und danke dafür, dass ich hier für einen kurzen Moment willkommen war.« Ein bisschen komisch kam ich mir vor, weil ich anscheinend doch an Übersinnliches zu glauben schien, aber das Erlebnis, hier sein zu dürfen, war so groß und mächtig, dass ich mich irgendwie und bei irgendwem bedanken musste, um dies loszuwerden. Der Vulkan schien mich zu hören. Er schickte nochmals eine ganz besonders hohe Fontäne in die Luft.

Kapitel 5

Die Entscheidung

In den darauffolgenden Jahren sollte es unzählige Male die Gelegenheit geben, mich bei Benbow zu bedanken. Der letzte Blick in den Krater, alleine am Kraterrand, wurde mein Ritual. Ich führte mehrere Reisen pro Jahr durch, hinzu kamen die Touren, bei denen ich Michel begleite. Mittlerweile hatte ich genug Seile und Ausrüstung, um zumindest auf die zweite Terrasse vorzudringen. Wir vereinbarten mehrere Termine für unsere eigene Expedition, aber es kam immer etwas dazwischen; entweder war das Wetter wieder einmal zu schlecht oder es gab ein Jobangebot für Michel, der ständig schauen musste, wie er finanziell über die Runden kam. Wir überlegten die Route, aber ich war mir nicht sicher, ob ich genügend Kenntnisse im Bauen von Verankerungen hatte. Doch mit viel Optimismus, den wir beide hatten, würden wir es schon irgendwie schaffen. Dachte ich. Doch ein Termin kam nie zustande. Wir sahen uns zwar überraschend häufig, zumindest dafür, dass ich am anderen Ende der Welt wohnte, aber ich war immer diejenige, die zu Michel nach Neukaledonien oder nach

Vanuatu kam. Mir gefiel es einfach so gut im Pazifik! Meine kurzen Zwischenaufenthalte in Deutschland dienten mehr oder weniger dem Umpacken, was leider immer lange dauerte: Meine Besitztümer lagerten an drei verschiedenen Orten und ich hatte meistens keine Ahnung, wo sich was befand. Hinzu kam mein Materialdepot in Australien und meine wachsende Ansammlung an Dingen bei Michel in Noumea, der Hauptstadt Neukaledoniens. Wenn ich etwas brauchte, war es garantiert am anderen Ende der Welt. So konnte es nicht weitergehen. Nach mehr als zwei gemeinsamen Jahren mit Michel stand ich vor der Entscheidung, all meine Zelte in Deutschland abzubrechen und in den Pazifik auszuwandern. Ich hatte mir sogar ein Grundstück in Vanuatu angeschaut und mit einem Makler gesprochen. Das Land war direkt am Strand mit einem eigenen Riff vor der Tür. Mein Traum war es, hier eine kleine Tauchbasis zu errichten, die irgendwann von alleine laufen würde, sodass ich für meine Film- und Fotoaufträge, die immer zahlreicher wurden, unterwegs sein könnte. Leider antwortete Michel immer ausweichend auf meine Frage, ob wir das Grundstück gemeinsam kaufen wollten. Michel besaß ein eigenes Haus in Noumea. Es war zwar nur so groß wie zwei Garagen zusammen, aber ihm und seiner Tochter im Teenageralter, die bei ihm lebte, genügte es. Als Vulkanguide verdiente man leider nicht so viel, dass es zu großen Sprüngen reichte. So hatte er auch bisher nie das Geld gehabt, nach Deutschland zu kommen und mich dort zu besuchen. Verständlich. Und als er von seinen Eltern ein Ticket für einen Besuch in Frankreich zu Weihnachten bekam, war meine Freude riesengroß. Leider war meine Enttäuschung dann umso größer, als er mich wieder nicht besuchte. Er hatte sich am Fuß verletzt und konnte angeblich nicht reisen.

Ich besuchte ihn in Paris. Wir hatten wie immer eine gute Zeit, aber von einem verletzten Fuß merkte ich kaum etwas. Mein Bauchgefühl riet mir zur Vorsicht. Michel war 15 Jahre älter als ich und hatte noch nie eine wirklich lange Beziehung gehabt. Er beteuerte mir zwar, dass er mit mir für immer zusammenbleiben wolle und seine Tochter verriet mir, dass er noch nie so glücklich mit jemandem gewesen sei wie mit mir, aber ich war traurig, dass er es nicht wichtig genug fand, den anderen Teil meines Lebens kennenlernen zu wollen. Ich verabreichte mir selbst eine Bedenkzeit. Wenn ich auswanderte, wollte ich das nicht wegen Michel tun und ihn keinesfalls damit unter Druck setzen. Bevor ich schlussendlich alle Zelte in Deutschland abbräche, wollte ich meinem Geburtsland noch eine Chance geben: Ich wollte drei Monate lang ausprobieren, wie es ist, wieder in der Heimat zu sein. Seit dem Abitur hatte ich es nicht mehr geschafft, so lange am Stück in Deutschland zu bleiben, noch nicht einmal während des Studiums.

Ich fand einen billigen Unterschlupf in den Bergen. Ich liebe die Alpenregion und den Wintersport! Als ich während eines Snowboardabenteuers abseits der Piste einen anderen Snowboarder kennenlernte, der zufällig eine freie und sehr günstige Wohnung kannte, ergriff ich die Gelegenheit und betrachtete sie als Wink des Schicksals. Die Wohnung war riesengroß und umfasste das ganze Obergeschoss einer Gastwirtschaft abseits im Wald. Früher wurde hier anscheinend zimmerweise vermietet, denn in jedem Raum stand ein Bett, ein Waschbecken und ein großer Spiegel – teilweise an der Decke angebracht. Welche Art von Etablissement hier gewesen sein musste, wurde mir erst später anhand meiner Funde beim Entkernen und Renovieren klar.

Leben im Puff

Mir gefiel meine Wohnung, obwohl es einige Unannehmlichkeiten gab. Doch von meiner Zeit auf dem Schiff *Alvei* war ich gewohnt, auf Luxus zu verzichten. Ich konnte nicht heizen: Es gab nur eine Zentralheizung, die während des Kneipenbetriebes am Abend angeschaltet wurde. Tagsüber saß ich mit Handschuhen und Daunendecke beim Arbeiten. Handyempfang und damit auch Internet übers Mobilfunknetz gab es nur auf der Toilette. Die wiederum war nicht isoliert und der Wind pfiff durch die kaputten Dachziegel, sodass man fast auf der Klobrille festzufrieren drohte. Es war Winter und die Außentemperaturen – und damit auch die Temperaturen im Klo – sanken in den zweistelligen Minusbereich. Mir wäre das Wasser im Spülkasten gefroren, hätte ich kein Frostschutzmittel zugegeben. Doch die Toilette war der einzige Ort in der Wohnung, an dem es Wasser gab. Zum Duschen musste eine andere Lösung her: die Kletterhalle!

Aufgrund meines verrückten Traumes hatte ich während des Studiums in Australien mit dem Klettern begonnen. Für mich war es nicht nur eine Sportart, sondern auch ein Lebensgefühl, und selbstverständlich wollte ich auch in Deutschland klettern.

Besonders einer der Kletterlehrer hatte es mir seit dem allerersten Augenblick angetan. Er hatte verstrubbelte lange braune Haare, strahlende Augen, so blau wie Gletscherseen und ein kantiges, ebenmäßiges Gesicht wie aus dem Katalog für Outdoor-Werbung. Als ich ihn das erste Mal traf, blickte ich in seine Augen und auf einmal fiel mir nicht mehr ein, was ich hatte sagen wollen. Ich glaube, ich stammelte irgendetwas von »Dusche« und »waschen«. Er grinste. Ein sehr verschmitztes und lausbübisches Lächeln. Ich bekam gegen Vorlage meines Ausweises eine Schrankmarke ausgehändigt. Seine großen Hände waren muskulös und vom Klettern gezeichnet. Damit konnte er bestimmt richtig zupacken – ertappte ich mich bei nicht besonders jugendfreien Gedanken. Nach dem Klettern kamen wir bei der Rückgabe meines Ausweises ins Gespräch. Er hieß Basti, studierte Geologie und war acht Jahre jünger als ich. Er hatte auf meinem Ausweis nachgeschaut. Er fragte mich, ob ich Lust hätte, mit ihm klettern zu gehen. Ich sagte begeistert Ja, denn aufgrund des Altersunterschiedes kam für mich ohnehin nichts anderes als eine Freundschaft infrage und so sah ich die Beziehung zu Michel nicht in Gefahr. Je öfter wir uns trafen, desto mehr bedauerte ich es zwar, dass Basti so jung war, aber ich freute mich über die wunderschöne Freundschaft, die sich entwickelte. Ich genoss es einfach, Zeit mit ihm zu verbringen, wobei das Wort »einfach« die Sache am besten beschreibt. Ich gab mich so, wie ich war, und das passte bestens mit Basti zusammen. Wir hatten jede Menge Spaß in den Bergen, beim Klettern und beim Zusammensein. Oft kam es vor, dass Basti, der 45 Autominuten entfernt wohnte, in einem meiner Gästezimmer übernachtete, damit wir am nächsten Tag schneller in den Bergen sein konnten. Ich kochte, Basti räumte auf, wir hörten gemeinsam Heavy Metal, unsere Lieblingsmusik, und lachten über meine aufdringlichen Kletterpartner in der Halle, wenn Basti einmal nicht mit mir klettern konnte. So vergingen Wochen.

Die Kommunikation mit Michel war nach wie vor schwierig, denn ich fror so sehr während meiner Skype-Anrufe auf der nicht isolierten Toilette, dass Michel manchmal nichts verstand, weil mir so die Zähne klapperten. Außerdem war er nun schon sehr lange bei seiner Familie in Frankreich und machte keine Anstalten, mich zu besuchen. Ich wollte nicht wieder zu ihm fahren, das hatte ich schon so oft getan. Michel war verständnisvoll und versprach, mich zu besuchen. Doch wie schon öfter geschehen, wurde auch aus diesem Versprechen nichts und er flog nach Neukaledonien zurück.

Gemeinsam beschlossen wir, dass meine Auszeit in Deutschland auch eine Auszeit für unsere Beziehung sein sollte. So konnte jeder in Ruhe für sich entscheiden, wie verbindlich die Beziehung sein und wie es weitergehen sollte.

Ich war nicht besonders traurig. Mein Leben hier in den Bergen gefiel mir und ich ertappte mich immer häufiger dabei, wie ich Basti mit anderen Augen betrachtete. Ich wünschte mir damals nur, er wäre älter gewesen! Mit einem jüngeren Mann konnte ich nichts anfangen, denn ich bildete mir ein, dass ich ihm rasch überlegen sein würde. Außerdem hatte ich noch nie einen jüngeren Freund gehabt. Basti blieb auf Abstand. Ich war die offene Art der Franzosen gewohnt, Küsschen rechts, Küsschen links zur Begrüßung. Basti reichte mir die Hand. Wenn ich ihn zum Abschied umarmen wollte, dann klopfte er mir hölzern auf den Rücken. Mir kam das sehr unreif vor und ich verwarf den Gedanken an mehr als eine Freundschaft schnell wieder. Acht Jahre Altersunterschied waren viel zu viel für mich. Dass der Altersunterschied zwischen mir und Michel fast doppelt so viel betrug, nämlich 15 Jahre, war mir bei diesen

Überlegungen nicht bewusst. Für mich war es normal, dass der Mann älter als die Frau sein sollte, nicht umgekehrt. Außerdem war ich so erwachsen und vernünftig, dass ich einen jüngeren Mann schnell in die Tasche stecken würde. So dachte ich zumindest, auch wenn ich überhaupt keinen Grund hatte, so eingebildet zu sein. Denn Basti war derjenige, der viel vernünftiger war als ich und viel erwachsener wirkte. Durch seine Tätigkeit als Jugendleiter beim Deutschen Alpenverein hatte er früh gelernt, Verantwortung für andere Menschen zu übernehmen. Er war sehr umsichtig und wenn er auch nicht immer alles aussprach, was er beobachtet hatte, so wusste ich, dass er jede einzelne Sekunde genau auf mich aufpasste, damit mir nichts passierte. Noch eine sehr angenehme Begleiterscheinung: Ich brauchte kein Wikipedia mehr! Seine Allgemeinbildung war unglaublich und überraschte mich immer wieder. Außerdem spielte er mit seinen rauen Kletterhänden wunderbar Klavier. Je länger ich ihn kannte und je näher ich ihn kennenlernte, desto mehr bewunderte ich ihn und genoss es, Zeit mit ihm zu verbringen.

Aus drei Monaten Auszeit in Deutschland wurden fünf. Als der Winter vorbei war, begann die Zeit zum draußen Klettern. Basti erzählte mir so lebhaft und begeistert von den hohen Wänden, die da auf uns warten würden, dass ich gar nicht anders konnte, als meine Abreise in die Südsee weiter zu verschieben. Michel fand das nicht schlimm. »*Aita pea pea, pas de problème*«, sagte er auf Skype. Mir wäre es lieber gewesen, wenn er gesagt hätte, dass er mich vermisse und dass ich sofort zu ihm kommen solle. Aber das war nur oberflächlich betrachtet die Wahrheit. Tief in meinem Inneren wusste ich schon längst, dass Michel und ich unsere Zeit gehabt hatten. Und die war nun vorbei.

Eine folgenreiche Telefonkonferenz

Meine nächste Reise in den Pazifik war trotzdem geplant: Für die *National Geographic Society* durfte ich eine Expedition nach Papua Neuguinea leiten. Wir sollten einen Film und einen Artikel für das Heft machen. Auf der ganzen Welt würden die Menschen von meinen Abenteuern lesen und von unseren Forschungsergebnissen erfahren, nicht nur in Frankreich, wie beim ersten Auftrag. Mein großer Moment war gekommen. Um Details der Expedition zu besprechen, verabredete ich mich mit den Entscheidungsträgern und Teammitgliedern zu einer Telefonkonferenz.

Es war Abend, Basti war bei mir und las ein Buch, während ich darauf wartete, dass jeder der Teilnehmer zu Wort kam. Zufällig stützte ich meinen Ellenbogen dabei auf Bastis Knie ab und seine Hand landete auf meinem Arm. Dort blieb sie die ganze Zeit während der Telefonkonferenz liegen. Ich konnte an nichts anderes mehr denken und war sehr abgelenkt, und es fiel mir schwer, mich auf mein Telefonat zu konzentrieren. Alle wunderten sich, weil ich sonst ja nicht so schweigsam bin.

Später in Papua Neuguinea sollte es mir noch leidtun, denn ich hatte anscheinend bei der Wahl der Kleidungsfarbe zugestimmt, dass ich rot tragen würde, obwohl ich die Farbe überhaupt nicht mag. Meine Gedanken waren einfach woanders gewesen.

Als die Amerikaner endlich auflegten, machten wir das, was wir beide uns schon die ganze Zeit wünschten. Ich hatte mich nur nicht getraut, mir selbst einzugestehen, dass ich einen jüngeren Mann so toll fand und Basti hatte ganz einfach gewartet, bis ich von meinem hohen Ross herunterkam und es selbst entdeckte.

In dieser Nacht schlief Basti nicht im Gästezimmer. Ich war hoffnungslos verliebt. Wie ein Teenager rannte ich ständig zum Telefon, um meine Nachrichten zu kontrollieren. Aber Basti war auf einmal nicht mehr so oft zu sprechen. Er musste für die Uni Dinge erledigen, musste seinen Eltern helfen, musste arbeiten und dann stand auch schon meine Abreise nach Papua Neuguinea an. Während meiner sechswöchigen Expedition meldete er sich nur einmal. Ich war verunsichert. Zum ersten Mal hielt mich jemand auf Abstand, sonst war es immer anders herum. Auf Bayrisch sagt man »ausgefuchster Hund«, wie ich irgendwann lernte.

Als ich von meiner Expedition zurückkam, gestand mir Basti nämlich, dass er mich absichtlich etwas zappeln hatte lassen, damit ich mir meiner Gefühle bewusst werden konnte. Für mich hätte es nicht mehr Klarheit geben können. Ich klärte endgültig die Situation mit Michel, beendete, was ohnehin nur mehr pro forma zu beenden war und änderte zum ersten Mal in meinem Leben meinen Facebook-Status in »In einer Beziehung«.

Wir verbrachten einen wunderbaren Sommer in den Bergen. Als Geologiestudent hatte Basti viel Zeit und ich nahm sie mir einfach. Es gab nichts Schöneres, als nach einem erfüllten Klettertag in der Sonne zu liegen und gemeinsame Pläne zu schmieden. Natürlich erzählte ich ihm auch von meinem Traum, mich in den Vulkan abzuseilen. Und er träumte sofort mit. Basti hatte sich schon immer für Vulkane interessiert und im Studium auch Kurse in Vulkanologie belegt. An vielen Abenden saßen wir in meiner Bruchbude über Fotos der Kraterwand und überlegten uns, wie und wo man die Seile sicher verankern könnte.

Im Herbst holte uns die Realität ein. Basti wollte Pilot werden und hatte sich bei Lufthansa beworben. Von knapp 8000 Bewerbern werden jedes Jahr nur zehn genommen und Basti wäre einer davon gewesen. Hätte er nicht in allerletzter Sekunde abgesagt. Ich gebe zu, ich habe mich bemüht, ihn in dieser Entscheidung nicht zu beeinflussen, aber ganz ist mir das wohl nicht gelungen. Aber ihm war auch klar, dass es nicht gutgehen würde, wenn wir beide ständig an entgegengesetzten Ecken des Globus unterwegs sein würden. Basti wollte gemeinsam mit mir unterwegs sein.

Ich freute mich, denn meistens hatte ich kleine Budgets, um zumindest unbezahlte Assistenten mitzunehmen. »Du glaubst doch nicht etwa, dass ich dein Assistent werde? *Kreizbirnbamhollerstaudn.*« Was auch immer das heißen mochte, aber recht hatte er. Also musste ein Job für Basti her.

Ich ernannte ihn kurzerhand zum Expeditionsleiter meiner nächsten Vanuatu-Fotoreise. Zu zweit konnten wir mehr Leute mitnehmen, sodass Bastis Arbeit ausreichend bezahlt wurde. Ich kümmerte mich um das Kochen, die fotografischen Fragen und die Vorträge über Flora, Fauna und Kulturelles, Basti würde die Geologie- und Vulkanologievorträge halten und für die Logistik verantwortlich sein. Er musste die Gruppe zusammenhalten und dafür sorgen, dass wir von A nach B kamen. Vor Ort sollte er alle Bezahlungen regeln und war dafür verantwortlich, die Sicherheit der Gruppe zu gewährleisten. Er wollte kein Assistent sein, bitte, also gab es das absolute Gegenteil. Unseren Kunden erzählten wir nicht, dass ihr Expeditionsleiter noch nie in dem Land, geschweige denn in dem Vulkan gewesen war.

Basti war der Aufgabe mit Leichtigkeit gewachsen. Er redete zwar nicht so viel wie ich (was auch schwerlich geht, das muss ich zugeben) und hat eine sehr leise Stimme, aber selbst ich glaubte manchmal, dass er die

Reise schon oft gemacht hatte. Wenn ich an meinen ersten Besuch denke und daran, wie das alles auf mich gewirkt hatte. Keine Sekunde hätte ich Zeit gehabt, mich auch noch um andere zu kümmern, so sehr war ich mit mir selbst und den Eindrücken der Expedition beschäftigt gewesen. Basti hingegen war äußerst professionell.

Jimmy schloss ihn gleich in sein großes Herz. Er wusste, dass Michel und ich Schwierigkeiten wegen der großen Distanz hatten und freute sich sehr, dass nun jemand aus meiner Heimat auf mich achtgab und bei mir war.

Vielmännerei

In Lalinda jedoch fiel es mir schwer, zu erklären, warum ich jetzt mit einem anderen Mann auftauchte. In den Augen vieler war ich mit Michel verheiratet und nur ein Jahr später kam ich mit jemand anderem in das streng gläubige Dorf?

In Lalinda beginnt der Tag mit dem Läuten der »Kirchenglocken«; der Pastor schlägt auf alte Gasflaschen ein und ruft so Punkt 5:30 Uhr zur Morgenandacht. Jeden Abend trifft man sich wieder zu Gesang und Gebet in der kleinen Kirche an der Steilküste über dem Meer. In Vanuatu sind 80 Prozent der Bevölkerung christlich, aber es gibt keine Studien darüber, wie sehr diese Christen trotzdem noch an Naturreligionen glauben. Im Hinblick auf die Ehe jedoch ist man sich hier einig: Wenn man sich ein Bett teilt, ist man verlobt, sobald man den Brautpreis an den Vater bezahlt, ist man verheiratet. Scheidungen gibt es nicht. Heirat wird dann besiegelt, wenn man sich auf einen Preis geeinigt hat – meistens mehrere Schweine und in neuester Zeit auch häufiger Bargeld. Oft wird die Hochzeit auch von den Eltern arrangiert, um Beziehungen zwischen den Dörfern zu besiegeln.

Jimmy erzählte mir hinter vorgehaltener Hand, dass unsere Vulkantouren unter den Trägern heiß begehrt seien, nicht nur als Verdienstmöglichkeit, sondern als Gelegenheit zur Brautschau. Anstatt nach getaner Arbeit wieder nach Lalinda zurückzukehren, steigen die Jungs ins Dorf auf der anderen Seite ab und bleiben ein paar Tage in Endu, um die Mädels von dort kennenzulernen. Die erste Hochzeit zwischen einem Träger aus Lalinda und einer Frau aus Endu würde in Kürze stattfinden. Jimmy freute das sehr, denn er war darauf bedacht, die Arbeit gleichmäßig zu verteilen und nicht alles für sich und sein Dorf zu beanspruchen. Deswegen bildete Jimmy auch Gedeon, der aus Endu kommt, als Guide aus.

In den vergangenen Jahren habe ich unglaublich viel von Jimmy gelernt. Ich habe vor allem gelernt, ich selbst zu sein. Ich bin überzeugt, dass der gutmütige Riese mit dem Hinkefuß durch die Menschen hindurch bis in ihr Herz sehen kann. Wer nicht offen ist und eine versteckte

Agenda hat, der kommt hier nicht weiter. Hier gibt es auch keine Äußerlichkeiten, hinter denen man sich verstecken kann. Ein teurer Anzug mit Krawatte oder ein schickes Kostümchen, eine Markenuhr oder ein perfektes Make-up, das zählte und zählt hier nach wie vor nichts, damit kann man niemanden beeindrucken. Derjenige, der am besten in der Dorfstruktur integriert ist und am schnellsten Kokosnüsse spalten kann oder am geschicktesten Krebse am Strand fängt, kommt weiter. Die äußeren Werte unserer industrialisierten Welt zählen nicht, man muss ehrlich sein und sich gut integrieren. Ganz einfach.

Über die Jahre war ich auch ZakZak nähergekommen, dem Vulkanflüsterer. Nach der ersten, verregneten Reise mit Michel hatte ich bei den darauffolgenden Touren immer perfektes Wetter. Auf Nachfrage gestand mir Jimmy irgendwann, dass er ZakZak vor jedem meiner Besuche aus eigener Tasche bezahlt hatte. Daraufhin stellte ich ZakZak zur Rede und fragte ihn, weshalb er so abweisend zu mir sei, ich sei doch auch nur ein Mensch. Als ihm keine Antwort darauf einfiel, mussten wir beide lachen und damit war das Eis zwischen uns gebrochen. Seitdem besuche ich ZakZak vor jeder meiner Reisen selbst und entrichte ihm meinen Obolus. So auch diesmal. Mittlerweile akzeptierte ich, dass es auf Ambrym Dinge gab, die man sich nicht erklären konnte. Ich war gespannt, wie er sich mit Basti verstehen würde.

Die beiden Jungs musterten sich kurz und an ihren Gesichtern konnte man ablesen: Alles bestens, sie konnten sich vom ersten Moment an gut leiden. Basti glaubt zwar auch nicht wirklich an übersinnliche Dinge, aber er ist wie ich der Meinung, dass man nicht alles verstehen muss und manche Dinge zu groß für kleine Fragen sind.

Wir hatten ZakZak eine Solarlampe aus Deutschland mitgebracht, die Basti ihm überreichte. Unser Freund freute sich riesig. Eine Solarlampe ist für uns nicht viel, dort bedeutet sie die Welt: ZakZak musste nun keine Batterien mehr für seine Taschenlampe kaufen und nicht mehr so viel Feuerholz sammeln, um seine Hütte abends zu beleuchten. Die Umwelt profitiert, denn es wird so weniger Regenwald abgeholzt und es werden keine leeren Batterien in die Natur geworfen. Mülldeponie gibt es dort nämlich keine. Auch die Menschen freuen sich über bessere Gesundheit, denn sie müssen weniger Zeit in den verrauchten Hütten zubringen.

Basti überreichte ZakZak die Lampe und erklärte ihm genau, wie sie funktioniert. Ich war zwar nicht sicher, ob ZakZak Bastis Englisch verstand, aber die Kommunikation schien zu klappen. ZakZak lud Basti ein, sich am Abend mit ihm in der Nakamal zu treffen. Dort war ich als Frau nicht zugelassen und musste die Männer unter sich lassen.

So sehr es mich in unserer Gesellschaft ärgert, wenn man mich als Frau anders behandelt, so sehr musste ich hier meinen Stolz hinunterschlucken. Man akzeptiert zwar, dass ich anders bin als eine Frau aus dem Dorf, aber wenn es darum geht, die Kava-Bar zu besuchen, macht man auch bei mir keine Ausnahme.

Basti musste leider ablehnen, da er sich als Expeditionsleiter um die Touristen kümmern musste. Aber Zak-Zak lud uns beide ein, bei ihm vorbeizukommen, sobald die Touristen in ihren Zelten schliefen. Das hatte er in all den Jahren noch nie getan. Ich merkte, wie ich bei jeder Reise ein wenig mehr von der Kultur erfuhr und die Menschen sich mir öffneten. Sie vertrauten mir, aber es war ein Prozess, der sich über Jahre erstreckte und nicht beschleunigt werden konnte. Schon gar nicht durch meine dauernden Fragen.

Das Männerhaus

Dass man sich Vertrauen erst langsam erarbeiten und verdienen muss, ist nicht nur für Ausländer so, sondern auch ein in der Kultur von Vanuatu verankertes System. Es gibt verschiedene Stufen des geheimen Wissens. Man muss sich jede einzelne Stufe verdienen. Meistens heißt das, dass man entweder Geld bezahlt oder rituelle Gegenstände eintauscht, wie beispielsweise Kava-Wurzeln und geflochtene Matten. Die gesellschaftliche Stufe war früher anhand der Sitzordnung in der Nakamal ersichtlich. Ob es heute noch so ist, weiß ich nicht. Meine Informationen hatte ich aus anthropologischen Schriften, denn im Dorf wurde mir nichts verraten. Obwohl mich das richtig ärgerte, musste ich es leider akzeptieren.

Basti kam zum ersten Mal dorthin und wurde gleich ins geheime Männerhaus eingeladen. Ich war schon so oft dagewesen und hatte in all der Zeit nicht einmal eine einzige Antwort auf meine Frage bekommen, was in der Nakamal passiert.

Ich habe gelesen, dass die Jungen, die noch nicht initiiert sind, vor der Tür sitzen müssen. Die Initiierung, bei der die Jungs auch beschnitten werden, findet ungefähr in dem Alter statt, in dem die Kinder bei uns in die Grundschule kommen. Hier müssen sie das Feuerholz holen und den Nachschub an Kava-Wurzeln. Die Jungen helfen auch bei der Zubereitung: Sie zerkleinern die Wurzel durch Kauen und spucken den Saft wieder aus. Dieser wird mit Wasser vermischt und anschließend getrunken. Sie selbst dürfen noch keinen Kava trinken, werden aber durch den Kontakt mit der Substanz langsam daran gewöhnt. Die Jungen, die schon initiiert sind, aber erst wenige Stufen des Geheimwissens absolviert haben, sitzen vorne an der Tür. Je mehr Wissen man hat, desto weiter rückt man an den Feuern nach vorne. Ich habe gelesen, dass die Hütten lang und schmal sein sollen und dass innen mehrere Feuer brennen. An der letzten Feuerstelle sitzt der Rat der Ältesten gemeinsam mit den Totenschädeln der Ahnen. Früher wurden die Toten in Blätter gewickelt und hoch oben in den Banjanbäumen aufbewahrt. Nach einer gewissen Zeit wickelte man das Bündel von besonders einflussreichen Häuptlingen wieder aus, beerdigte die Knochen in der Erde und reinigte die Schädel. Diese wurden auf Holzstöcke gesetzt und in der Nakamal an der Stirnseite des Hauses am letzten Feuer aufbewahrt, damit auch die Ahnen an den Besprechungen teilnehmen konnten.

Ich hätte zu gerne erfahren, wie heute eine Nakamal von innen aussieht.

Zurück bei Jimmy sahen wir, dass unsere Touristen in bester Obhut waren. Die Frauen des Dorfes hatten schon damit angefangen, ihre Leckereien auf Tische zu stellen, und wir kamen gerade rechtzeitig, um an der Segnung der Mahlzeit teilzunehmen und das Essen zu eröffnen. Jimmy war begeistert, dass er sein bei mir gelerntes Wissen in Deutsch anbringen konnte und wünschte allen einen »Guten Appetit«. Basti musste ihn unbedingt verwirren, indem er ihm die bayrische Variante »An Guadn« beibrachte.

Nach dem Essen verschwanden unsere Gäste schnell in den Zelten. Zum einen machte die Zeitverschiebung sie müde und zum anderen wollten wir am nächsten Morgen noch vor Sonnenaufgang aufstehen und zusammenpacken.

Basti und ich machten uns auf den Weg zu ZakZak. Hinter seiner Hütte kokelte ein kleines Feuer, das blauen Rauch in die Luft sandte. ZakZaks rundes Gesicht wurde vom Schein der Flammen beleuchtet. Mit leiser Stimme lud er uns ein, uns zu setzen. An diesem Tag wollte er mir ein Geschenk machen und damit auch Basti willkommen heißen. Er wollte uns eine Geschichte erzählen. Ich nickte begeistert und machte Basti ein Zeichen, dass ich ihm später alles übersetzen würde. ZakZak räusperte sich und fuhr mit seiner Hand durch die kurzgeschorenen Haare. Dann sprach er leise auf Bislama: »Der Benbow ist ein Geist. Der Vulkan ist lebendig. Du musst ihn immer ehren und respektieren, wie einen Menschen. Du wirst sehen, wenn du mit Benbow redest, wird er gut zu dir sein. Das hat mir mein Onkel erklärt und er hat mir das Wissen von meinem Vater weitergeben.«

ZakZaks Vater, der Hüter des Vulkangeheimnisses, starb leider sehr früh bei einem tragischen Unfall. Sein Sohn war damals noch viel zu klein, um das Wissen vererbt zu bekommen. ZakZaks Vater hatte kurz vor seinem Tod seinen Bruder Efraima damit beauftragt, das Familienwissen zu bewahren und es an ZakZak zu übertragen, wenn er alt genug wäre.

In dieser Nacht saßen wir noch lange am Feuer und hörten ZakZak gebannt zu, wie er von den Heldentaten seines Vaters und Großvaters berichtete. Sein Vater hatte einen Vulkanausbruch vorausgesagt und sein Großvater hatte sogar bei einem Ausbruch 1950 den Lavafluss aufgehalten und sein Dorf gerettet! Wie er das genau gemacht hat, wollte uns ZakZak jedoch nicht verraten.

Als wir später in unseren Schlafsäcken im Zelt lagen, ließ uns die Bedeutung seiner Geschichte nicht los. In unserer Welt ist es eher unüblich, dass man jemandem eine Geschichte schenkt, wir beide jedoch fühlten uns sehr reich bedacht.

Am nächsten Morgen brachen wir sehr früh auf. Ich musste ein wenig schmunzeln, weil meine Freunde im Dorf sehr verwirrt waren. Normalerweise hatte immer ich das Kommando und obwohl ich eine Frau bin, akzeptierten alle meine Autorität. Jetzt überließ ich Basti das Kommando und trotzdem kamen alle mit ihren Fragen zu mir. Aber das würde schon werden, denn Basti machte seine Sache wirklich sehr gut. Unsere Reisenden hingen geradezu an seinen Lippen.

Am frühen Nachmittag erreichten wir den Rand der Caldera. Gleich wartete mein Lieblingsausblick auf mich. Auch Basti war ergriffen vom Anblick der Ascheebene mit den rauchenden Vulkanen. Wie nicht anders zu erwarten, war das Wetter wieder einmal perfekt. Unsere acht Mitreisenden fotografierten eifrig. Ich genoss es, mich einfach nur neben Basti in die warme Asche zu setzen und zu schauen. Ich war so glücklich, dass ich Basti gefunden hatte und ich dieses Erlebnis mit ihm teilen konnte. Diese einzigartige Welt der Caldera und die anmutigen Vulkane waren ein großer Teil meines Lebens geworden. Hier hatte ich die wichtigsten meiner Erfahrungen gemacht, Menschen kennen- und lieben gelernt und geträumt. Für mich stand die Frage im Raum, ob sich mein großer Traum nun endlich gemeinsam mit Basti erfüllen würde.

Ein Moment für die Ewigkeit

Ich bekam eine Gänsehaut, als Basti am Kraterrand des Benbow stand und fachkundig das Seil für die Gruppe vorbereitete. Als hätte er nie etwas anderes getan, als sich in Vulkane abzuseilen. Basti hielt einen Moment inne und blickte in die Ferne, die langen gelockten Haare vom Wind zerzaust, hinter ihm die weite Ebene der Caldera und der rauchende Vulkan unter ihm. Ja, irgendwie fühlte sich das hier alles richtig an. Ich hatte jemanden gefunden, der zu mir passte, der mich ergänzte, unterstützte, aber auch seinen eigenen Kopf hatte und sich nicht alles gefallen ließ. Ich konnte mir nicht vorstellen, dass es einen glücklicheren Menschen als mich auf der Erde gab. Und schon gar nicht in diesem Moment.

Stunden später standen wir beide alleine am Lavasee. Die Touristen waren in der Begleitung von Jimmy und Gedeon schon unterwegs zurück. Mein Ritual, am Ende einer erfolgreichen Reise alleine am Lavasee zu stehen und mich beim Vulkan zu bedanken, hatte sich eingebürgert. Meine Freunde wussten, was es mir bedeutete. Gerne ermöglichten sie mir diese Minuten und gingen mit der Gruppe vor. Ich war sowieso schneller als unsere Reiseteilnehmer und holte sie immer wieder ein, bevor sie in der Hälfte der Wand waren.

Nun teilte ich diesen Moment mit Basti. Wir schauten beide in das offene, pulsierende Herz der Erde. Auch er war ergriffen vom Anblick des abgrundtiefen, immerwährend brodelnden Sees und seine strahlend blauen Augen leuchteten. Zögernd nahm er meine Hand und wandte sich mir zu. Er wirkte nervös und mir kam es vor, als würde er leicht zittern. Das war nicht seine Art, denn sonst konnte ihn nichts aus der Ruhe bringen. Verwundert löste ich meinen Blick vom Lavasee und schaute ihn an. Er räusperte sich: »Ulla.« Eine Pause, er schluckte. So feierlich? Auf einmal wurde mir ganz heiß ums Herz. Heißer als Lava je sein kann. Er wird doch nicht …? Basti schaute mich zärtlich an und fragte leise, aber deutlich: »Ulla, willst du mich heiraten?«

In diesem Moment spritzte der See eine ganz besonders hohe Fontäne nach oben, als würde er sich auch zu Wort melden wollen. Ja, natürlich wollte ich! Ich konnte mir nicht mehr vorstellen, mein Leben ohne Basti zu verbringen. Ich brachte aber kein Wort heraus und küsste ihn stürmisch. Beinahe wären wir beide gemeinsam in den Lavasee gekugelt. »Ja, ich will!«, brach es endlich aus mir heraus.

Ich hätte nie gedacht, dass ich einmal heiraten würde. Das war mir nie wichtig gewesen, ich hatte aber auch noch nie ernsthaft darüber nachgedacht. Und plötzlich kam dieser Mensch in mein Leben und alles war anders. Wir gehörten einfach zusammen.

Wir beschlossen, diesen unvergesslichen Moment auf einem Foto festzuhalten. Basti baute das Stativ auf und wir stellten uns noch einmal an »unsere« Stelle am Lavasee – für ein Bild mit Selbstauslöser. Ich bin mir nicht sicher, ob es so etwas schon irgendwann einmal gegeben hat: Ein Heiratsantrag, 200 Meter tief im aktiven Vulkan – mit Klettergurt, Helm und Gasmaske. Das Wort »Glück« reicht nicht aus, um das Gefühl zu beschreiben, das ich in diesem außergewöhnlichen Augenblick empfand.

Unsere Hochzeitsreise war auch nicht weniger ungewöhnlich als der Heiratsantrag: Wir fanden einen Kompromiss zwischen Bastis Liebe für hohe Berge und meiner Leidenschaft für aktive Vulkane. Das Ziel hieß Ojos del Salado, ein knapp 7000 Meter hoher Berg in der Atacama-Wüste in Peru und der höchste aktive Vulkan der Welt. Besonders romantisch ist es nicht, mehrere Wochen bei minus 20 °C in getrennten Schlafsäcken zu verbringen, doch für uns war die Reise genau nach unserem Geschmack.

Ich kann es nicht anders sagen: Wir führen eine Bilderbuchehe. Wir ergänzen uns perfekt, ohne dass sich jemand verbiegen muss. Wir leben und arbeiten gemeinsam und verbringen rund um die Uhr Zeit miteinander. Ich hätte nie gedacht, dass ich das könnte, da ich doch meine Freiheit so sehr brauche und liebe, doch es funktioniert. Natürlich streiten wir manchmal, vor allem, wenn unsere beiden Leidenschaften aufeinandertreffen. Basti ist ein fotografierender Bergsteiger und ich eine bergsteigende Fotografin. Wir machen beides gemeinsam, aber jeder setzt die Prioritäten anders. Doch in Grenzsituationen, von denen wir schon einige erlebt haben, ziehen wir an einem Strang. Das bringt uns noch enger zusammen.

Auch meinen Traum, einmal ganz unten am Lavasee zu stehen, träumten wir gemeinsam weiter. Wir kehrten viele Male zusammen nach Vanuatu zurück, betreuten Reisegruppen und Filmcrews, doch nie ergab sich die Gelegenheit zum Abseilen. Am Anfang hatten wir schlichtweg nicht genug Geld, um Material zu kaufen. Dann war entweder das Wetter zu schlecht oder wir hatten andere Verpflichtungen im Anschluss an einen Aufenthalt in Vanuatu. Mich ärgerte das ungemein und so beschlossen wir, im November 2014 eine eigenständige Expedition nach Vanuatu zu unternehmen. Wir hatten über 10.000 Euro für Equipment und Flüge gespart und machten uns auf die Reise ans andere Ende der Welt. Das Ende, das uns zur zweiten Heimat geworden war.

Kapitel 6

Das Scheitern

Wir hatten uns einen Monat Zeit genommen und wollten insgesamt drei Wochen in der Caldera bleiben. Mit dabei waren Jimmy, Gedeon und Glen, ein weiterer Freund und Schwarm aller Frauen im Dorf, und der Vulkanologe Thomas. Der Franzose sah aus, wie man sich einen Professor vorstellt: zerzauste Haare, einen Stoppelbart, ein wenig fahrig, aber sehr liebenswert. Thomas war Anfang 30 und lebte in Vanuatu, weil er an einer Doktorarbeit über Ambrym schrieb und der Meinung war, dass dieser Vulkankomplex sehr bedeutsam für das weltweite Klima sein könnte. Ambrym war aber viel zu wenig erforscht. Thomas wollte den Vulkan genau untersuchen und konnte einige der Messungen nur ganz nahe am Lavasee machen, wo keine Gase die Ergebnisse verfälschen. Er hatte allerdings von Seiltechnik nur bedingt Ahnung. Aber Basti sollte genug Zeit bekommen, ihn zu trainieren: Im Basislager angekommen, regnete es wieder einmal. Wir hatten zwar vor dem Abmarsch im Dorf wie immer ZakZak aufgesucht, aber der schüttelte den Kopf über unser Vorhaben, uns so weit in den Vulkan abzuseilen. Das sei viel zu gefährlich, er hätte Angst um uns. Wir hatten ihm versichert, dass wir gut aufpassen würden. Aber bei was?

Wir saßen eine Woche in unseren Zelten und schauten den Tropfen zu, die außen auf der Plane entlangrollten. Es regnete, es goss, es nieselte, es plätscherte, es prasselte, es rieselte, es schüttete, es schauerte, es schiffte, es strömte, es tröpfelte, es triefte und es tropfte. Ich hatte den Ehrgeiz entwickelt, alle existierenden deutschen Wörter für Regen in mein Tagebuch aufzuschreiben und hielt bei zwölf Ausdrücken: Platzregen, Nieselregen, Wolkenbruch, Sturzregen, Regenschauer, Regenguss, Niederschlag, Gewitterregen, Regenschwall, Dauerregen, Salzburger Schnürlregen, Regendusche – wobei Letzteres eher der Wunschgedanke an eine wunderbare heiße Dusche war, bei der man sich so richtig entspannen und verwöhnen lassen konnte. Wir waren zwar relativ sauber durch den ständigen Regen, aber der Schwefelwasserstoff juckte auf der Haut. Ich hatte schon Schürfwunden vom vielen Kratzen. Eine weitere Woche untätig herumzusitzen, würde ich nicht überleben! Ich kam mir wie ein eingesperrtes Rennpferd vor. Noch nie war der Drang, hinauszukommen, so stark gewesen. Ich wollte laufen, wollte mich anstrengen, wollte Sport treiben und vor allem: Ich wollte endlich zu meinem Vulkan! Zum Glück wirkte die Anwesenheit von Basti wie immer beruhigend auf mich. Zwar wurde ich manchmal ungeduldig und schimpfte ihn ohne Grund, aber auch das ertrug er mit einer stoischen Gelassenheit. Manchmal treibt mich dieser Wesenszug von ihm in den Wahnsinn, weil ich selbst nie länger als drei Minuten still sitzen kann. Aber in dem Augenblick war ich froh über seine unendliche Geduld. Ich wäre sonst durchgedreht.

In der zweiten Woche fingen die Zelte an, durch den sauren Regen porös zu werden. Ich entdeckte die ersten Pfützen unter meiner Isomatte. Nur zu gut war mir noch der See im Zelt von Carsten in Erinnerung. Wir beschlossen, gemeinsam mit Jimmy, Gedeon und Glen einen Unterstand zu bauen. Die Überreste der notdürftigen Küche, die ich mit Michel errichtet hatte, waren noch vorhanden. Wir bauten einfach weiter.

In der Caldera sind aufgrund der Höhe über dem Meeresspiegel, der fehlenden Humusschicht und dem sauren Regen die Wachstumsbedingungen für Bäume ungünstig. Es gibt nur niedrige Büsche und Palmen. Die zum Bauen geeigneten Bäume finden sich außerhalb der Caldera, an den steilen Hängen des alten Vulkans.

Als Werkzeug standen uns nur Macheten zur Verfügung, aber das genügte. Gedeon konnte mit seiner Machete sowohl einen Mangobaum fällen, der so dick war, dass ich ihn nicht einmal zur Hälfte umfassen konnte, als auch winzige TamTams schnitzen, fragile Glücksbringer, so groß wie mein kleiner Finger. Jetzt hatten wir wenigstens etwas zu tun, während wir warteten. Die behauenen Baumstämme wurden mit Lianen zusammengebunden und das Dach wurde mit Palmenblättern gedeckt. Die Wände wurden von Gedeon aus Stöcken geflochten, zwischen denen er die weite Seite der Palmenblätter verklemmte, die am Stamm anliegt. Die Hütte war so groß, dass man bequem mit einer Reisegruppe darin sitzen konnte. Es gab Platz für eine Feuerstelle, einen Tisch mit Bänken aus Palmenstämmen und einen trockenen Platz für unsere Zelte. So einfach war das! Wir hatten hier oben nur mit Buschmessern und Naturmaterialien ein ganzes Haus errichtet. Zu guter Letzt legten wir noch einen Orchideengarten an. Auf der kargen Asche gedieh eine rosa-violett blühende Orchidee besonders gut, die wir mitsamt der Wurzel ausgruben und rund um die neue Hütte einpflanzten.

Nun waren wir schon über zwei Wochen hier. Noch fünf Tage blieben uns, dann mussten wir abreisen. In der Nacht konnte ich kaum noch schlafen und wälzte mich unruhig hin und her. Basti lachte über mich, weil ich mir so große Sorgen machte. Mir war nicht zum Lachen zumute und schon gar nicht zum Feiern. Die Jungs überredeten mich trotzdem, beim Richtfest mitzufeiern.

Sehnsüchte

Thomas liebte Kava und hatte ein paar Wurzeln mitgebracht. Damit sollte gefeiert werden. Zum ersten Mal sah ich Kava aus der Nähe und konnte bei der Zubereitung dabei sein. Die Pfefferwurzel wurde mit der Machete fein säuberlich geraspelt, dann mit einem Holz zerstampft und mit Wasser vermischt. Zum Glück verzichteten unsere Männer auf das Kauen, Hochziehen und Ausspucken, wie das im traditionellen Männerhaus gemacht wird.

Hier oben in unserer kleinen Welt galten eigene Regeln, hier war es nicht mehr wichtig, dass ich eine Frau bin. Oder nahm es keiner mehr war? Ich kam mir so verwahrlost vor und sehnte mich nach nichts mehr als einer heißen, dampfenden Dusche mit einem duftenden, schäumenden Duschgel. Ich bin keine Frau, die morgens stundenlang vor dem Spiegel steht. Meine Haare können auch mal ein paar Tage ungewaschen bleiben, aber ich dusche unheimlich gerne und das Waschen mit saurem Regen ist kein Ersatz für eine warme Dusche.

Ich bat die Jungs, mich einen kleinen Schluck Kava probieren zu lassen und bekam eine *shell*, eine halbe Kokosnussschale mit dem braunen Gebräu, gereicht. Jimmy und Gedeon tranken nichts, denn ihre Religion verbietet den Genuss von Rauschmitteln. Ich nippte vorsichtig. Das Zeug schmeckte wie Erde mit Wasser vermischt und mit Asche gewürzt. Als einzigen Effekt bemerkte ich, dass meine Lippen taub wurden und leicht zu prickeln anfingen. Angeblich muss man mindestens drei bis fünf *shells* trinken, um das gesuchte Entspannungsgefühl zu erzielen. Nein danke! Aber wahrscheinlich werde ich nicht oft in die Verlegenheit kommen, einen Kava-Drink abzusagen, denn im Dorf werde ich hoffentlich wieder als Frau wahrgenommen. Ich nahm mir vor, mich nie mehr darüber zu ärgern, dass manche Rituale nur den Männern vorbehalten waren.

Angeblich kann man während des Kavatrinkens Kontakt zu den Göttern aufnehmen und sie um alle möglichen Dinge bitten, wie beispielsweise um gutes Wetter. Das hatte anscheinend nicht funktioniert. Am nächsten Tag war es noch genauso wolkenverhangen und regnerisch wie die ganze Zeit zuvor. Wir holten unsere bereits dicht beschriebenen Zettel hervor und spielten wieder einmal »Vorspeise, Hauptspeise, Dessert, Drink«, unsere Variante von »Stadt, Land, Fluss«. Die Jungs sehnten sich nach richtigem Essen und vor allem einem saftigen Stück Fleisch. Mir war das nicht so wichtig, doch ich gebe zu, dass ich nichts dagegen gehabt hätte, einen Berg frisches Sushi zu verspeisen oder eine Schüssel meines Lieblingsgerichtes *poisson cru:* roher Fisch mit knackigem Gemüse in Kokosmilch. Wir aßen seit mehr als zwei Wochen fast ausschließlich Instantnudeln mit Hühnchenpulver und Schiffszwieback mit Erdnussbutter und Senf. Für mehr hatte unser Geld nicht gereicht.

Plötzlich schreckte mich Hundegebell aus meinen kulinarischen Träumen. Eine Meute Hunde kam ins Camp gestürmt und begrüßte uns schwanzwedelnd. Nanu? Unser Freund Machin aus Lalinda bog um die Ecke. Eckig wie ein Schrank und drahtig trug er genau den richtigen Namen: Übersetzt heißt er »die Maschine«. Er war derjenige, der immer meinen schweren Rucksack den Vulkan hochschleppte und der es sich nicht nehmen ließ, dabei ständig lustige Sprüche zu machen, während alle anderen keuchten. Auch jetzt strahlte er gutgelaunt übers ganze kantige Gesicht. Verschwitzt und klebrig wie er war, nahm er mich in den Arm. Ich freute mich riesig über den Kontakt zur Außenwelt. Völlig absurd schien es plötzlich, dass wir hier oben seit Wochen in der Asche und Nässe hausten und uns mit Instantnudeln vollstopften.

Machin hatte zwei Grapefruits mitgebracht: Saftiges, vitaminreiches, frisches Obst, dessen Saft einem beim Hineinbeißen an den Mundwinkeln hinunterlief und das herrlich erfrischend schmeckte. Noch nie hatte mir eine Frucht so gut geschmeckt!

Machin war gekommen, weil er sich Sorgen um uns gemacht hatte. Er war ein guter Freund von ZakZak und hatte Bedenken, ob es richtig gewesen war, uns zum Vulkan gehen zu lassen. Ich fragte mich, ob ZakZak uns von unserem Vorhaben abbringen wollte.

Beim gemeinsamen Abendessen am Feuer erklärte ich Machin ausführlich, warum wir unbedingt in den

Vulkan müssten. Dass dort noch nie ein Mensch gewesen war und dass ich unbedingt der erste Mensch im Krater sein wollte, verstand er aber nicht. Es gab aus seiner Sicht doch sehr gute Gründe, warum bisher noch kein Mensch den Kraterboden betreten hatte. Einleuchtender war für ihn, dass Thomas dort Messungen vornehmen wollte, die helfen sollten, den Vulkan zu verstehen und Erdbeben vorauszusagen. Machin versprach umgehend, uns am nächsten Morgen zu helfen.

Magie

Der nächste Tag war so neblig und regnerisch wie immer. Wir schlüpften in unsere bereits schimmelnden »Regensachen«. Wir hatten ein trockenes Set Kleidung für abends am Feuer und die Klamotten für die Nässe. Die Luftfeuchtigkeit war einfach zu hoch, sodass auch unmittelbar über dem Feuer die Kleidung nur schwer trocknete. Bastis T-Shirt hatte schon Schimmel angesetzt, bei mir waren es die Hosen. Machin drängte uns zum Aufbruch. Gemeinsam mit Jimmy liefen wir ihm nach in Richtung Quelle. Am Rand unseres Wäldchens gab es einen Ort, an dem sich das Regenwasser auf einer undurchlässigen Gesteinsschicht sammelte und austrat. Wir alle bezeichneten diesen Ort als »Quelle«, obwohl es nur manchmal Wasser gab. Machin lief voraus, eine dunkle Gestalt im grauen Regen. Wir eilten durch eine bizarre Landschaft aus tiefen Asche-Canyons und mussten an zwei Stellen einen erkalteten Lavafluss nach unten klettern, was auf dem vom Regen rutschigen Gestein nicht so einfach war. Auf einmal hörte ich wieder Vogelstimmen: Eine Taube gurrte. Hier gab es tatsächlich Leben in der sonst trostlosen grauen Ascheebene!

Plötzlich standen wir vor einem Abgrund. Es ging 50 Meter steil nach unten. Basti zog mich an sich, denn beinahe wäre ich vor lauter Neugier auf den nassen Steinen ausgerutscht. Was für ein Ort! Hier öffnete sich die Caldera und ich blickte in die Weite auf das Meer. Die kreisförmig um die Öffnung liegenden Hügel waren mit kleinen Palmen bewachsen. Dahinter funkelte blauer Himmel, leider nicht über uns. Durch die aufsteigenden Gase kreierte der Vulkan wie so oft sein eigenes Wetter. Vor mir wuchsen Orchideen in der schwarzen Felswand aus erkalteter Lava. Vögel zwitscherten und ein Bussard kreiste am Himmel. Machin setzte sich auf eine große Lavabombe direkt am Abgrund und schwieg; sein kantiger Körper ebenso fest und kompakt wie die Lava.

Hier war das Gestein gar nicht eckig oder spitz wie die *Aa'a Lava,* die sonst aus dem Vulkan kommt und sehr zähflüssig ist, sondern rund und in Wellenform, mitten im Fließen erkaltet. Diese Lava bezeichnet man als *Pahoehoe Lava.* Die erkaltete Lava mit dem wohlklingenden hawaiianischen Namen ist sehr dünnflüssig, da sie einen geringeren Kieselsäuregehalt hat. Sie weist nach der Erstarrung eine relativ glatte Oberfläche auf.

Mich erinnerte die Geschmeidigkeit des Gesteins an Muskelfasern. Warum aber ausgerechnet an dieser Stelle der Lavafluss zum Stehen gekommen war und eine 50 Meter hohe Mauer geformt hatte, konnte ich mir nicht erklären.

Ich setzte mich neben Machin, der noch immer schwieg und blickte aufs Meer. Alleine die Tatsache, eine andere Farbe als Grau zu sehen, tat gut und befreite den Kopf. Das tiefe Blau des Pazifiks, der von der Sonne angestrahlt wurde, war wie ein Blick in eine andere Welt. Wie gerne wäre ich jetzt da unten gewesen! Wie gut hätte es getan, zu schwimmen und wieder von oben bis unten sauber zu sein! Wieder warm zu werden, richtiges Essen und ein sauberes Bett zu haben! Ich dachte noch nicht einmal an fließendes warmes Wasser aus dem Wasserhahn und Strom aus der Leitung. Einfach nur Wasser und eine Isomatte ohne Schimmel wäre im Moment Luxus pur gewesen. Ohne Probleme hätte ich das alles haben können! Ich hätte nur zusammenpacken und vier Stunden zu Fuß absteigen müssen. Aber daran dachte ich noch nicht einmal. Aufgeben? Nein, wir hatten noch vier Tage! Als unverbesserliche Optimistin glaubte ich daran, dass das Wetter besser werden würde. Basti war da weniger zuversichtlich, aber ihm blieb nichts anderes übrig, als bei mir zu bleiben. Er wusste nur zu gut, dass mich nichts abhalten konnte, wenn ich mir etwas in den Kopf gesetzt hatte. Auch wenn es keinen Sinn machte, wollte ich bis zum Schluss hier oben bleiben. Das Wetter sah nicht so aus, als würde es sich bessern. An der Küste schien die Sonne, aber die Vulkane waren noch immer in dichte Regenwolken gehüllt. Hier oben war alles grau und regnerisch und wir waren vollständig durchnässt. Wie gerne hätte ich die Sonne herbeigezaubert!

Der Regen nahm wieder zu. Es prasselte vom Himmel, was das Zeug hielt. Machin erhob sich, stand auf seinem Lavabrocken über dem Abgrund und streckte die Arme aus. Nach oben, dem Regen entgegen. Mit leiser Stimme rief er etwas. Dann sprach er, aber ich konnte es nicht verstehen, weil ich seine Stammessprache nicht konnte. Er nahm die Hände wieder nach unten und hob sie nach oben, so als würde er etwas wegdrücken wollen. Ich wollte aufstehen und fragen, was er da machte, doch Basti gab mir ein Zeichen, sitzenzubleiben und nichts zu sagen. Schlagartig fiel mir ein, dass Zak-Zak einen besonderen Ort erwähnt hatte, an dem sein Großvater die Lava zum Stillstand gebracht hatte. Ob das dieser Ort war? Ich hatte eine Gänsehaut. Was passierte gerade? Ich schaute zu Basti, doch er erwiderte meinen Blick nicht. Machin redete immer lauter. Er schien wie in einer Art Trance, als er immer wieder die Hände zum Himmel streckte und im murmelnden Tonfall flehte. Die Situation war zu bizarr, um sie zu begreifen. Ich stand auf und machte ein paar Fotos, um den Moment festzuhalten. Bastis Augen funkelten mich böse an, doch Machin bemerkte mich nicht einmal. Er redete weiter, wie ein Wasserfall. Der Regen nahm noch mehr zu, ich hatte nicht gedacht, dass das überhaupt möglich war.

Jimmy deutete auf eine kleine Grotte aus Lava, die uns Schutz bieten konnte. Von dort aus schauten wir Machin weiter zu, der noch immer den Regen beschwor. Flüsternd erklärte mir Jimmy, dass Machin ein »Regenmacher« sei und den Niederschlag kontrollieren könne. Im Dorf würde er immer dann geholt, wenn die Ernte zu verbrennen drohe und es nicht genug Regen gebe. Doch Jimmy war sicher, dass Machin den Regen auch zum Verstummen bringen konnte. Machin musste dem Regen nur seinen Respekt erweisen und mit ihm reden.

In Vanuatu gibt es bestimmte Steine, die von Generation zu Generation vererbt werden und die den Menschen, die sie besitzen, viel Macht verleihen. Es gibt Steine für die Yamsernte, Steine für Meeresströmung, Haisteine, Fischsteine, Kavasteine und eben auch Regensteine. Die Menschen, die diese Steine besitzen, dürfen es keinem außerhalb der Nakamal wissen lassen, dass sie diese Kraft innehaben. Nur die Männer in der jeweiligen Nakamal des Dorfes wissen Bescheid.

Ich zuckte die Schultern als Antwort auf Jimmys Erklärung. Zu unwirklich erschien mir das alles. Wo war ich gelandet? Ich glaubte an die Wissenschaft. Ich hatte Geografie studiert und konnte mir die Welt gut erklären. Ich hatte gelernt, wie Regen entsteht und welche Zeichen auf Vulkanausbrüche hindeuten. Und nun saß ich hier und sah einem »Regenmacher« bei der Arbeit zu. Es regnete jedenfalls weiter. Machin nahm seine Hände nach unten. Er sah erschöpft aus. Ohne ein Wort zu sagen, machte er sich auf den Rückweg zum Camp. Wir liefen mit gesenkten Köpfen hinterher. Das Wasser rann mir den Nacken hinunter und tropfte durch die Hose in die Schuhe.

Zurück im Camp schlüpfte ich wieder in meine »trockene« Kleidung, die durch die Luftfeuchtigkeit inzwischen auch klamm geworden war. Nur wenn man die Klamotten trug und am Feuer saß, bestand die Chance, dass sie halbwegs trockneten. Ich hatte mir angewöhnt, meinen Schlafsack vor dem Schlafengehen auch ans Feuer zu legen, um ihn zumindest ansatzweise zu trocknen und bildete mir ein, dass das half.

Ein weiterer Wendepunkt

In dieser Nacht hielten die Männer eine weitere Kava-Zeremonie ab. Ich blieb am Feuer sitzen und versuchte, meine Gedanken zu ordnen. Ich wollte mit Basti darüber reden, was wir am Lavastrom beobachtet hatten, aber er winkte nur ab: »Nicht hinterfragen. Das ist hier so.« Auch Jimmy wich mir aus: »Du hast schon genug gesehen. Ihr Frauen wollt immer so viel wissen.«

Stimmt, mein Leben lang haben meine Eltern mir beigebracht, dass es gut ist, Fragen zu stellen und Dinge wissen zu wollen. Auf einmal sollte das nicht mehr gelten? Hier war alles so anders. Ich musste lernen, zu akzeptieren und nicht zu hinterfragen. Aber wer weiß, wahrscheinlich war das sowieso alles nur Quatsch und ich machte mir meine Gedanken wegen nichts. Wo glaubten schon erwachsene Menschen daran, dass man Regen zum Anhalten bringen kann?

Als ich in meinem Schlafsack im Zelt lag und den Regentropfen zuhörte, musste ich an die Pechsträhne denken, die Carsten, Chris und ich unabhängig voneinander gehabt hatten.

In der Nacht schlief ich tief und fest. Am Morgen weckte mich grelles Licht. Ich schlug die Augen auf und blickte direkt in die Sonne. Ich machte die Augen schnell wieder zu. Träumte ich noch? Nein! Machin stand freudestrahlend vor dem Zelt: »Aufstehen, ihr müsst los!« Ich fasste es nicht, aber ich fragte nicht lange und packte zusammen. Über dem Basislager stand ein wunderbarer Doppelregenbogen. Wir verabschiedeten uns mit einem kleinen Geldschein von Machin, der ins Dorf zurückmusste.

Jimmy, Glen und Gedeon blieben bei uns und halfen uns mit dem Equipment. Es galt, 600 Meter Kletterseil in wasserdichte Packsäcke zu stopfen, zusätzlich kamen noch 20 Kilogramm Karabiner, Bohrhaken, Befestigungen und die fünf Kilogramm schwere Bohrmaschine mit Akkus hinzu. Wir benötigten auch einen Hitzeschutzanzug. Um eine Probe der frischen Lava zu nehmen, hatten wir einen Eimer aus Eisen und ein Stahlseil dabei. Das Fotoequipment und die schweren Messinstrumente von Thomas mussten auch mit. Ebenso nahmen wir ein Zelt für den Notfall mit, falls es doch wieder regnen sollte. Sobald das Klettermaterial einmal mit dem sauren Regen in Berührung kommt, kann man es wegwerfen. Die Schwefelsäure des Vulkans zersetzt das Seil in Kürze und bringt es zum Reißen. Zusätzlich mussten auch Essen und Wasser mitgeschleppt werden: Wir wollten zwei Tage im Vulkan bleiben, da brauchte man pro Person fünf Liter, das macht 15 Liter Wasser alleine für Thomas, Basti und mich, zusätzlich noch für unsere drei Guides. Rasch realisierte ich, dass wir nicht alles auf einmal tragen konnten. Essen? Ein paar Kekse und zwei Päckchen Gummibärchen für alle mussten genügen. Trinken? Die Hälfte Wasser musste reichen. Auf alles andere konnten wir nicht verzichten.

Basti musste mir helfen, den Rucksack aufzusetzen. Er war etwas über 25 Kilogramm schwer, mehr als die Hälfte meines Körpergewichtes. Ich musste zugeben, dass mir der Weg zum Vulkan schon leichter gefallen war. Der steile Aufstieg brachte mich rasch an meine Grenzen. Trotzdem ließ ich mir nichts anmerken und gönnte mir und den anderen keine Pause. Wer wusste schon, wie lange das Wetter halten würde? Am Himmel über uns war kein Wölkchen zu erkennen. Wir hatten Glück. Der Kraterrand war sichtbar. Wir brauchten fast doppelt so lange für die Besteigung wie sonst, aber endlich waren wir oben! Zum ersten Mal seit Wochen konnte ich in den Krater blicken. Die Bedingungen waren nicht ideal und der Vulkan war voller Gase, die sich im Krater sammelten. Doch es musste irgendwie gehen. Besser würde es bestimmt nicht mehr werden! Die Jungs schauten mich skeptisch an, aber es blieb uns keine andere Wahl. Wir setzten die Gasmasken auf und richteten das Seil her, um uns auf die erste Terrasse abzuseilen. Mit dem ganzen Equipment kein Zuckerschlecken!

Es war schon Nachmittag, als wir unten ankamen. Nun galt es, rasch eine geeignete Stelle zum Abseilen auf die zweite Terrasse zu suchen. Unzählige Male hatten wir Fotos angeschaut, so oft waren wir auf der ersten Terrasse gestanden und hatten uns die Stelle überlegt. Ganze Abende hatten wir zu Hause darüber diskutiert, wo man das Seil am besten befestigen sollte. Nun war der Moment da. Doch es kommt doch immer anders, als man denkt. Dort, wo wir uns abseilen wollten, lag ein neu gefallener, mannsgroßer Lavabrocken auf der losen Asche. Direkt darunter wollten wir ursprünglich das Seil legen. Das war definitiv keine gute Idee und so musste rasch eine Alternative her. Ich schlug die Verlängerung eines ausgetrockneten Flussbettes vor. Wenn es regnete, sammelte sich hier das Wasser und stürzte in den Krater hinab. An dieser Stelle würde es bestimmt keine losen Steine mehr geben, die das Seil durchtrennen könnten. Die lockeren Blöcke in der Asche waren die größte Gefahr. Wie ich auch schon bei meiner ersten Expedition gelernt hatte, durfte man sie auf keinen Fall berühren oder gar mit den Füßen lostreten. Sie konnten das Seil beim Hinunterfallen beschädigen und im schlimmsten Fall durchschneiden. Basti nickte und befand die Stelle für gut. Wir suchten einen Ort, an dem wir das Seil verankern konnten. Basti benutzte dazu hohle Metallrohre, die wir in der Hauptstadt Port Vila in einer Art Baumarkt gefunden hatten. Fünf dieser eineinhalb Meter langen Stangen sollten in den Boden eingeschlagen werden. Aus Gewichtsgründen hatten wir auf den Hammer verzichtet und mussten nun mit Lavabrocken die Rohre in den steinharten Boden treiben. Zum Glück wechselten sich Jimmy, Glen und Gedeon ab, aber es blieb eine schweißtreibende Angelegenheit. Auch mir lief der Schweiß über die Stirn, obwohl es hier unten mit geschätzten 13 °C recht kühl war. Ich war damit beschäftigt, die Rohre mit Sand zu füllen, damit die Verankerung noch besser halten würde, und schaufelte mit den Händen Asche hinein, so schnell ich konnte. Ich wollte endlich hinunter! Die Verankerungen dauerten mir viel zu lange, und Basti wollte noch Stangen als eine Art »Sandanker« in einem rechten Winkel zum Seil in der Erde vergraben! Wir hatten auch keinen Spaten dabei und es dämmerte schon, als wir endlich fertig waren.

Basti prüfte die Verankerungen und warf das Seil. Endlich konnte es losgehen! Das Wetter schien auch zu halten. Ich band mich ein und ging zur Kante. Basti stoppte mich: »Spinnst du?!« Er wollte zuerst hinunter. Er hielt es für viel zu gefährlich für mich und wollte mich in Sicherheit wissen. Das konnte ich ganz und gar nicht akzeptieren! »Du spinnst, ich geh jetzt zuerst!« Ich funkelte ihn wütend an, aber er ließ sich davon nicht beindrucken. »Nein. Entweder ich oder keiner.« Dass er auch immer das letzte Wort haben musste! Ohne seine Hilfe käme ich keinen Meter nach unten. In den Krater hinein vielleicht schon, aber nicht mehr hinaus. Zähneknirschend gab ich nach. »Aber nur, wenn ich dann zuerst auf die dritte Terrasse darf!« Seine Antwort verstand ich nicht mehr. Ich bildete mir aber ein, ein »Ja« gehört zu haben.

Der letzte Kuss

Mittlerweile war es dunkel. Der Lavasee leuchtete wie ein überdimensionales Feuer. Alles war knallrot, wie unser Kletterseil. Bastis Jacke war froschgrün, sein Helm orange, die Kontraste waren gut für ein tolles Bild. Das ging mir durch den Kopf, sonst nichts. Dann stand er auf der Kante, bereit zum Abseilen. Ich drückte auf den Auslöser. Klick, klick. Basti blickte direkt in mein Objektiv. Ich erkannte, dass etwas nicht stimmte und ich erschrak. Da stand ich und machte mir Sorgen um mein Bild! Mein Mann war gerade dabei, sich in einen aktiven Vulkan abzuseilen, wo dichte Gase und hohe Temperaturen warteten. Keiner von uns wusste, wie es da unten sein würde. Er riskierte alles und ich dachte an meine Bilder, nicht an meinen Mann!

Ich hängte mir die Kamera um und küsste ihn. Er flüsterte mir leise ins Ohr: »Ich habe ein ganz komisches Gefühl!« Basti ist Bergsteiger und hat auf den Bergen dieser Welt gelernt, auf seine Intuition zu vertrauen. Seine innere Stimme hatte ihn schon oft vor brenzligen Situationen bewahrt. Was tun? Sonst vertraute ich ihm immer. Aber jetzt aufzugeben, nur wegen eines »komischen Gefühls«? Nein. Ich versuchte, Basti zu überzeugen, dass die schlechte Vorahnung bestimmt nur daher käme, dass er als Alpinist keine Vulkane gewohnt sei. Er wusste, wie viel mir mein Traum bedeutete und nickte. Trotz meiner wackligen Erklärung, an die ich selbst nicht ganz glaubte. Ich hatte einen Knoten im Bauch. Kurzzeitig war mir sogar schlecht. Das kannte ich so nicht – ich hatte Angst. Angst um meinen Mann, der jetzt seine Gasmaske zurechtrückte und sich anschickte, das Grigri zum Abseilen zu lösen. »Ich liebe dich«, sagte er, ganz entgegen seiner Gewohnheit, und machte mir den Ernst der Lage damit noch eindringlicher bewusst. Ein Gedanke schlich sich in mein Bewusstsein. Was, wenn es das letzte Mal wäre?

Basti verschwand hinter der Kante und war von meiner Position nicht mehr zu sehen. Ich rannte zu einem anderen Punkt, von dem aus man die Abseilroute einsehen konnte. Fast wäre ich dabei wieder einmal in den Vulkan gefallen! Mein Herz schlug laut und ich spürte, wie das Adrenalin durch meinen Körper pumpte. Ich musste aufpassen und durfte nicht fahrlässig werden. Vom gegenüberliegenden Aussichtspunkt konnte ich Basti als einen kleinen Punkt an der Wand erkennen. Er hatte noch nicht einmal seine Taschenlampe an, so hell war es. Die Wände leuchteten rot und verbreiteten ein magisches Licht. Immer tiefer und tiefer rutschte er am Seil nach unten. Die Blöcke, über die er sich abseilte, sahen wie Mikado-Türmchen aus. Man durfte nicht dagegen kommen, sonst könnte alles einstürzen! Basti war ein winziger Punkt inmitten der glühenden Weite, der immer kleiner und kleiner wurde. Irgendwann hatte ihn die Hölle verschluckt. Ich sah ihn nicht mehr, nur das Seil hing schlapp nach unten. Ich wartete. Und wartete. Basti hatte ein Walkie-Talkie dabei und sollte hochfunken, sobald er festen Boden unter den Füßen hatte. Aber so intensiv ich auch auf mein Funkgerät starrte, es nützte nichts. Es blieb stumm. Dann ein Schrei von unten! Mir kroch die Angst in alle Glieder!

Aber wie immer in Momenten, wo es darauf ankommt, gelang es mir, ganz ruhig zu bleiben. Ich konnte auf einen Schlag alle Gefühle ausschalten und nur noch funktionieren. Wie eine Maschine. Ich hörte ihn noch einmal schreien. Aber es hörte sich nicht panisch an. Auch nicht verletzt oder verzweifelt. Nichts von alldem. Das war eine Erleichterung.

So schnell ich konnte, rannte ich zurück zum Abseilpunkt. Diesmal achtete ich auf jeden meiner Schritte. Es durfte nichts passieren, denn sonst wäre nicht nur ich in Gefahr, sondern auch er. Thomas hatte nicht die nötigen Kenntnisse, ohne Hilfestellung am Seil abzusteigen und wieder aufzusteigen – geschweige denn einen Verletzten zu bergen. Was war mit Basti? Plötzlich knarzte noch während des Rennens mein Walkie-Talkie. Da fiel es mir ein: Wahrscheinlich hatte ich auf der gegenüberliegenden Seite keine Funkverbindung gehabt zu ihm und er versuchte, mir ein Zeichen zu geben, an einen anderen Ort zu gehen! Ich war unendlich erleichtert. »Schatz? Geht's dir gut?«, fragte ich ihn über Funk. Nach einem endlos scheinenden Sekundenbruchteil kam die Antwort von unten: »Endlich! Ich dachte schon, du merkst es nie!«

»Sag schon, wie geht's dir?«, fragte ich.

»Mir geht's bestens, aber ihr müsst beim Abseilen sehr gut aufpassen, das ist alles lose und grobbrüchig!«

»Wird gemacht! Und wie ist es da unten?«, wollte ich unbedingt wissen.

»Quatsch nicht, sondern mach schon!«, bekam ich als Antwort. Typisch Basti.

Ich verstaute das Funkgerät wieder in meiner Jackentasche und zog meinen Klettergurt an. Ich prüfte, ob ich alles hatte: Die Fotokamera mit einem Objektiv und zwei Ersatzakkus, die Gummibärchen, Wasser und den Hitzeschutzanzug. Das Grigri zum Abseilen, eine

Steigklemme zum Wiederaufstieg, Karabiner, Seilrolle und Verbandmaterial für den Notfall. Meine Gasmaske hing um den Hals und mein Kletterhelm saß wie immer etwas schief auf dem Kopf. Ich weiß nicht, warum bei mir Helme immer schräg sitzen – wahrscheinlich bin ich selbst etwas schräg. Von außen betrachtet stimmte das jedenfalls. Schwer beladen wie ein Esel wollte ich jetzt in den Vulkan hinein. Ich wusste genau, dass es gefährlich war und was für eine große Plackerei es sein würde. Und vielleicht vollkommen nutzlos. Braucht die Welt Menschen, die in Vulkane klettern? Thomas würde zwar den Vulkan neu vermessen und eventuell Aussagen über bevorstehende Ausbrüche treffen können, aber verhindern würde er die Ausbrüche deswegen nicht können. Die Natur ist so viel gewaltiger als wir Menschen! An diesem Tag kam es mir vor, als seien sie und der Vulkan uns gnädig gestimmt und würden uns gestatten, hier zu sein und dieses Abenteuer zu erleben. Ich fühlte eine große Dankbarkeit, als ich mich in das Seil einband. Mein Blick ging zu Jimmy. Er nickte mir aufmunternd zu: »Das wird schon! Viel Spaß da unten!«

Jetzt freute ich mich einfach nur noch. Ich prüfte meinen Klettergurt, das Grigri und die Verankerungen. Schon tausende Male hatte ich mich beim Klettern abgeseilt. Die Blicke und Griffe waren Routine, aber jedes Mal war ich erneut achtsam. Vor allem in diesem Augenblick. Alles passte. Es konnte losgehen. Ich löste das Grigri und trat rückwärts über die Kante in Leere.

Am dünnen Faden

Auf einen Schlag baumelte ich in einer fremden Welt. Alles war rot. Das Gestein um mich herum, die Gase, die um mich waberten. Sogar meine Hände schienen rot zu sein. Die Kraterwand fing die Farben ein und reflektierte sie. Ich hing an einem zentimeterdünnen Seil, 400 Meter über dem Lavasee. Die Kraterwand wirkte wie ein Hohlspiegel und reflektierte den Sound des brodelnden Sees um ein Vielfaches. Es brauste und blubberte und war mir schlichtweg zu laut – ich bin geräuschempfindlich und mag keinen Lärm. Hätte ich mir doch Ohrenstöpsel mitgenommen! Welche absurden Gedanken. Als ob ich sonst keine Probleme hätte! Ich löste den Blockiermechanismus des Grigri und ließ mich hinunter. Dabei musste ich jeden Fuß vorsichtig an die Felswand setzen, damit ich keine Steine heruntertrat. Nun wurde der Abstand zwischen Wand und Seil größer und langsam schwebte ich am frei hängenden Seil nach unten. Hier kam ich gar nicht in die Verlegenheit, die Felswand zu berühren. Meine Füße baumelten ins Nichts. Ich drehte mich unkontrolliert. Einmal blickte ich über den Lavasee, kurz darauf wieder zur Felswand.

Ich konnte nichts machen, mein schwerer Rucksack zog mich nach hinten. Ich brauchte alle Kraft meiner Bauchmuskeln, nicht hintenüber zu kippen. Eine kurze Pause. Ich ließ das Grigri los und hielt mich mit den Händen am Seil fest. Tat das gut! Ich hätte gerne den

Rucksack wie einen Packsack zwischen meinen Beinen abgeseilt und nicht auf meinen Schultern, doch das wäre wegen der Steinschlaggefahr zu gefährlich gewesen. Nun fluchte ich über das Gewicht. Schon einmal war es mir passiert, dass ich aufgrund meines schweren Fotorucksacks und einer kleinen Unachtsamkeit plötzlich kopfüber in der Wand gehangen war. Damals war Basti neben mir gewesen und hatte mir beim Aufrichten geholfen. Hier hätte ich ein Problem.

Ich beendete meine Pause, seilte mich weiter ab und gelangte an einen kleinen Vorsprung. Hier konnte ich kurz stehen und meinen Bauchmuskeln wieder eine kleine Erholung gönnen. Was für eine Wohltat! Die Pause brauchte ich dringend, denn nun galt es, einen brüchigen Überhang zu überwinden. Ich traute mich nicht, den Fels genau anzuschauen. Alles sah fragil aus und so, als könnten die Blöcke jede Sekunde aus der Wand brechen. Ich war sehr, sehr vorsichtig und setzte jeden Griff und Tritt wohlüberlegt. Auch beim Hochkommen würde das die gefährlichste und schwierigste Stelle sein. Direkt an der Felskante war eine Fumarole, eine Stelle, an der heißes Gas austrat. Der Fels war durch die Schwefelablagerungen gelb und giftgrün verfärbt und es hatten sich wunderschöne kleine Kristalle ausgebildet. In jeder anderen Situation hätte ich die Kamera ausgepackt. Aber jetzt erschrak ich: Das Kletterseil lag unmittelbar neben der Fumarole. An diesem Seil hing unser Leben und im Augenblick meines!

Die vulkanischen Gase sind nicht nur voller Chemikalien, sondern auch sehr heiß: Temperaturen um die 100 °C sind keine Seltenheit. Ich griff ans Seil: Es war feucht und warm. Hilfe! Ich versuchte, das Seil nach links hinter eine Felsnase zu verschieben und hoffte, dass es halten würde. Ich war mir sicher, dass Basti es auch schon probiert hatte, dass es aber beim anschließenden Abseilen wieder verrutscht war. Nur nicht daran denken! Ich hatte den Überhang überwunden und hing wieder in der Leere. Der Rucksack zog mich nach hinten. Lange konnte ich das nicht mehr halten und ich traute dem Seil über der Fumarole auch nicht besonders. So schnell ich konnte, seilte ich mich ab. Der Boden kam rasch auf mich zu und endlich erkannte ich auch einen kleinen Punkt, der immer größer wurde: Basti! Er stand in sicherer Entfernung vor Steinschlag und kam jetzt auf mich zu, um mir zu helfen. Ich hatte wieder Boden unter den Füßen! Er gab mir einen Kuss: »*Jez samma amoi do!*« Ja, jetzt waren wir hier unten. Ich freute mich riesig, hatte aber keine Zeit, das Gefühl zu genießen, geschweige denn mich genau umzuschauen. Thomas musste auch nach unten.

»Seil frei!« funkte ich nach oben. Auf Französisch erklärte ich Thomas, an welchen Stellen er besonders aufpassen müsse und dass er als Ungeübter seinen Rucksack auf keinen Fall zu schwer packen dürfe. Er solle sein Wasser oben lassen, wir würden uns meine eineinhalb Liter zu dritt teilen. Basti sah mich an, als ob ich wahnsinnig wäre, aber er sagte nichts. Für Thomas war es einfach zu gefährlich, einen zu schweren Rucksack zu haben. War er schon im Seil? Ich kniff meine Augen zusammen, um besser sehen zu können. Die Gase brannten in den Augen und brachten sie zum Tränen. Aber wir hatten Glück: Der Krater war noch relativ frei von Gasen, obwohl es aussah, als würden sie etwas zunehmen. Dann sah ich endlich einen kleinen Punkt in der großen Wand, der langsam näherkam. Jetzt blieb er stehen. Thomas war an dem Überhang mit der Fumarole. Er tat sich schwer, aber das war abzusehen gewesen. Selbst wenn man das schon so oft gemacht hatte wie Basti und ich, war es trotzdem ein Herumgerutsche und Gebastel, bis man soweit war. »Er macht das gut!«, sagte Basti und nahm mich in den Arm. Er wusste, dass es nichts Schlimmeres für mich gab, als endlich hier unten zu sein und warten zu müssen. Fotografieren konnte ich auch noch nicht. Thomas war zu weit weg, als dass man ihn auf dem Bild hätte erkennen können. Und um den Lavasee zu sehen, mussten wir noch 100 Meter über ein Blockfeld bis zur Kante absteigen. Also wartete ich. Eine Viertelstunde kam mir vor wie eine Ewigkeit, dann war Thomas endlich so nah, dass ich ihn fotografieren konnte. Es sah surreal aus, wie er durch eine Wand aus dampfenden Fumarolen nach unten schwebte.

Nach einer knappen halben Stunde war er endlich unten. Wir rannten zu ihm und es gab eine Runde high-five. Hurra! Wir hatten zumindest die zweite Terrasse geschafft! Wir einigten uns darauf, dass

Thomas hier einen Teil der Messungen machen und Basti eine Abseilstelle für die dritte Terrasse suchen solle. Ich wollte erst Thomas bei der Arbeit fotografieren und anschließend Basti helfen.

Die zweite Terrasse, Teil 1

Vorsichtig kletterten wir gemeinsam über die rot glühenden Blöcke in Richtung Abgrund. Basti griff nach meiner Hand: Den letzten Meter gingen wir zusammen. Dann lag er vor uns: der Lavasee! Von hier unten war er noch viel eindrucksvoller und gewaltiger, als ich es mir je erträumt hatte. Der See schien riesig! Ich drückte Bastis Hand. Ich musste nichts sagen, er verstand mich. Thomas kam dazu und alle drei starrten wir wie gebannt in den See, der 200 Meter unter uns kraftvoll Lava in die Luft schleuderte. Ich kam mir vor wie in einem Film. Als würde ein Drache seinen Feueratem nach uns ausschicken. Da wollten wir hin? In die Höhle des Ungeheuers? Ich konnte die dritte Terrasse ausmachen, den letzten Ort vor dem See, an den die Lava nicht spritzte und wo man noch auf ebener Fläche stehen konnte. Ein bisschen bescheuert kam ich mir in dem Augenblick schon vor. Warum konnte ich mich nicht mit dem zufriedengeben, was ich gerade hatte? Hätte es nicht gereicht? Warum wollte ich noch weiter? Weil es ging. Deshalb. Ich wollte dahin, wo es nicht mehr weiterging, so nah wie möglich an den See.

Außerdem konnte Thomas nur da unten eine Probe der frischen Lava nehmen und zuverlässige Messungen bekommen. Hier auf der zweiten Terrasse verfälschten die Gase noch seine Ergebnisse. Thomas hatte ein Hochtemperatur-Infrarotthermometer dabei, das ohne Probleme Temperaturen weit über 1000 °C messen konnte. Bislang konnte die Temperatur des Lavasees noch nicht genau bestimmt werden. Außerdem schleppten wir einen Eimer aus Eisen mit, den wir an einem dünnen Stahlseil befestigt in den Lavasee werfen wollten. Eisen schmilzt erst bei über 1500 °C und wir hofften, dass wir so eine Probe der frischen Lava bekommen konnten.

Thomas nahm sein Thermometer und sein GPS und begann, die Fumarolen zu lokalisieren und zu vermessen. Er interessierte sich besonders für diese Orte des Gasaustrittes, denn sie verrieten auch die Schwächezonen des Kraters. Wo gehäuft Fumarolen auftreten, kann es sein, dass dort eventuell einmal die Kraterwand einstürzt oder später die Lava austritt. Er zeichnete diese Stellen mit dem GPS auf und markierte sie auf seiner Karte, um sie später mit Messungen der vorherigen Jahre zu vergleichen. Hatte die Aktivität zugenommen? Konnte ein Ausbruch bevorstehen? Das war das Rätsel, das er zu lüften hoffte.

Ich fotografierte den Wissenschaftler, wie er am Rande des Abgrunds stand und konzentriert auf seine Instrumente schaute. Seine Augen leuchteten. Ohne uns wäre er nie hier unten gewesen und bald sollte sich auch für ihn ein Traum erfüllen, den er nie zu träumen gewagt hatte. Ich ließ ihn mit seinen Messungen allein und machte mich auf den Weg zu Basti.

Auf der Suche nach der geeigneten Abseilstelle kletterte er gefährlich nahe an der Kante entlang. Als ich ihn erreichte, zuckte er die Schulter. »Was ist los?« Ich war besorgt. »Hier würde es schon gehen, aber merkst du denn nichts?« Vor lauter Aufregung, hier unten zu sein, hatte ich das Wetter überhaupt nicht mehr beobachtet. Es nieselte! Mittlerweile blockierten die Gase auch die Sicht nach oben. Diese Gase bestehen unter anderem aus Wasserdampf, Kohlendioxid, Schwefeldioxid, Schwefelwasserstoff und Salzsäure. Auf jeden Fall war der Regen, der durch die Wolke fiel, absolutes Gift für unser Kletterseil! Mittlerweile hatte auch Thomas bemerkt, dass etwas nicht stimmte und packte seine Instrumente ein, um sie vor der Nässe zu schützen.

Wir kauerten uns hinter einen großen Block, der sich wohl aus der Kraterwand gelöst hatte und hier gelandet war. Ich hatte eine kleine Plane dabei, die uns ein wenig Schutz vor der Nässe bot. Es begann, immer mehr zu tröpfeln. Ich öffnete die mitgebrachte Packung Gummibärchen. Vor lauter Anspannung hatte keiner bemerkt, dass wir seit fast 24 Stunden nichts mehr gegessen hatten. Tat das gut! Von nun an sollten Gummibärchen für mich immer mit dem Moment der großen Freude inmitten dieser absoluten Trostlosigkeit im Krater verbunden sein. Was sollten wir tun? Der Regen nahm immer mehr zu. Basti machte sich Sorgen um das Seil, unseren einzigen Ausweg nach oben.

Wir warteten schon über eine Stunde, doch der Regen wurde stärker. Die Gase zogen in den Krater. Wir benötigten schon seit einer geraumen Weile ständig unsere Gasmasken. Nicht auszudenken, wenn sie zu nass würden und die Filter nicht mehr funktionierten. Basti wollte uns in Sicherheit wissen und wieder nach oben. Ich war noch nicht bereit aufzugeben, stimmte aber zu, zum Seil zurückzulaufen. Vielleicht bot der Überhang Schutz vor dem Regen. Auch Thomas wollte hier nicht weg. Auf dem Weg zurück entdeckte er eine riesige Fumarole, an deren Rand sich Kristalle abgelagert hatten. Das hatte er noch nie gesehen! Voller Freude nahm er eine Probe und ich fotografierte. So lange, bis wir endlich Bastis alarmierendes Rufen hörten.

Er war an unserer Abseilstelle angekommen. Von oben schob sich wie in Zeitlupe ein Schwall Wasser gemischt mit Steinen auf uns zu! Mit einem lauten Prasseln trafen die Steine zuerst auf. Ich sprang erschrocken zur Seite. Dann kam das Wasser und es hörte nicht mehr auf – unsere Abseilstelle war zum Wasserfall geworden! Fassungslos blickte ich auf die mehrere Meter breite Wand aus Wasser, gemischt mit Steinen und Asche. Irgendwo da drinnen war unser Seil für den Aufstieg. Was sollten wir tun? Mir war die Stelle zum Abseilen sehr geeignet erschienen, da sich hier nicht so viele lose Steine und lockere Asche befanden. Nun war klar, warum. Aber wer konnte denn wissen, dass in so kurzer Zeit so viel Wasser kommen würde?

Eiseskälte

Was sollten wir tun? Sollten wir erst einmal abwarten, bis wirklich alle Steine weggespült waren? Vielleicht würde der Regen weniger werden? Wir tranken den vorletzten Schluck Wasser. Absurd, dass wir von Wasser umgeben waren, es aber keines zum Trinken gab. Das saure Wasser konnte man nicht trinken. Es schmeckte bitter und ich hatte das Gefühl, als wäre es das reinste Gift für mich. Ich war vollkommen durchnässt. Hier im Vulkan war es mit knappen 15 °C eiskalt. Ich konnte es kaum glauben, aber die Hitze des Lavasees spürte man nur, wenn man unmittelbar an der Kante stand. Dadurch, dass die heiße Luft über dem See nach oben steigt, macht sie Platz für neue Luft. Wie ich in Geografie gelernt hatte, ist kalte Luft schwerer als warme. Sie sinkt nach unten und deshalb zitterten wir jetzt, obwohl der riesengroße Wärmestrahler nur wenige hundert Meter entfernt war. Meine Hände waren eiskalt, zum Fotografieren reichte es aber noch. Mein Equipment war nass wie alles andere auch, aber wann sollte ich die Fotos machen, wenn nicht jetzt? Der Gedanke ans Aufgeben wurde auch bei mir immer konkreter. Mittlerweile ging es nicht mehr darum, auf die dritte Terrasse vorzudringen, es ging darum, heil aus dem Krater hinauszukommen.

Wir überlegten: Entweder wir warten noch länger und setzen die Seile noch mehr dem Steinschlag und dem saurem Regen aus, oder wir versuchen es jetzt mit der Gefahr, dass der Wasserfall den Aufstieg unmöglich macht. Basti sorgte sich: Er war unsicher, wer von uns zuerst gehen sollte. Würde ich zuerst aufsteigen, wäre unklar, ob das Seil halten würde. Ich wäre zwar zuerst in Sicherheit, aber es kämen noch immer Steine von oben herab. Würde ich unten warten, dann bekäme Basti die zweifelhafte Ehre, das Seil als erster zu testen. Schaffte er es bis nach oben, bliebe abzuwarten, wie lange das Seil dem sauren Regen standhalten und ob es mich und Thomas noch aushalten würde. Wir kamen überein, dass Basti zuerst aufsteigen sollte, aber nur bis zu dem Absatz in der Wandmitte. Dort würde er auf Thomas und mich warten und dann würde es gemeinsam weitergehen. Falls das Seil bei Thomas oder bei mir reißen würde, könnte Basti zur Not das Seil werfen, das wir eigentlich für die dritte Terrasse geplant hatten und das jetzt halbwegs trocken im wasserdichten Sack von Basti wieder nach oben geschleppt werden musste.

Wir kletterten über Blöcke zurück zum Wasserfall, der zum Glück ein wenig schwächer geworden war. Der Regen hatte nachgelassen, war aber immer noch viel zu stark, um auch nur daran zu denken, auf die dritte

Terrasse hinunterkommen zu können. Mein Traum war in weite Ferne gerückt. Ich wollte nur noch, dass wir drei ohne Verletzungen aus dem Krater kommen und das möglichst schnell. Basti band sich ein. Unter dem Überhang kam wenig Wasser von oben, aber das Seil war voller Asche und Schmutz und ließ sich nur schwer durch die Steigklemme führen. Es würde ein lebensgefährlicher Test werden: Hält das Seil? Ich hielt den Atem an, als sich Basti mit seinem vollen Gewicht in das Seil hängte. Er wippte auf und ab. Es schien zu halten. Ich war heilfroh und holte erst einmal tief Luft.

Das war keine gute Idee! Die Gase waren so dicht, dass ich sofort husten musste. Basti zog sich inzwischen Tritt für Tritt am Seil hoch. Ich wollte nicht wissen, wie schwer sein Rucksack mit dem Seil war! Trotzdem war er einigermaßen schnell. Nach noch nicht einmal zehn Minuten war er an der schwierigsten Stelle angekommen: an der Kante des Überhanges. Ich hörte, wie er irgendetwas auf Bayrisch fluchte. Dann krachten zwei große Steine nach unten. Zum Glück waren Thomas und ich weit genug entfernt. Basti schien für einen kurzen Moment kopfüber zu hängen, dann verschwand er aus unserem Blickfeld. Nun hieß es, Geduld zu haben und zu warten. Das war noch nie meine Stärke. Aber ich konnte nichts machen.

Unsere Walkie-Talkies hatten schon lange versagt. Ihnen bekam der saure Regen nicht. Wir hatten vereinbart, dass Basti das Seil dreimal mehrere Meter einzieht und wieder loslässt, wenn ich nachkommen konnte. Thomas tat es ebenso leid, aufgeben zu müssen. Er hoffte noch immer, dass der Regen aufhören würde und so weitere Messungen möglich wären, zumindest auf der zweiten Terrasse. »Ihr könnt mich ja morgen wieder abholen, für einen Tag geht das schon!« Das würde ihm so passen, ohne uns die Abenteuer erleben zu wollen! Fast ein wenig eifersüchtig war ich auf ihn, denn seine mangelnde Erfahrung ließ ihn den Ernst der Lage nicht vollends begreifen. Ich war nervös, aber irgendwie auch beruhigt: Würde Basti etwas zustoßen, wäre auch ich mit dran. In Extremsituationen beruhigt das, so komisch es klingen mag.

Zwei für Pech und Schwefel

Eines unserer ersten Kletterabenteuer draußen hatte uns auf die Alpspitze geführt: 800 Meter Zustieg, dann eine Kletterroute von 1,3 Kilometern Länge, 600 Meter Aufstieg zum Zugspitzgletscher, der gequert werden musste, und anschließend standen 2600 Höhenmeter Abstieg auf dem Programm. Irgendwo im obersten Drittel der Wand musste eine verhältnismäßig leichte Stelle geklettert werden, auf der man sich 60 Meter lang nicht sichern konnte. Ich stand inmitten eines Geröllfeldes und wäre bei einem Sturz von Basti unweigerlich auch in der Tiefe gelandet. Basti fragte mich, als ich wieder zu ihm aufschloss, ob ich mich bei einem Sturz von ihm nicht ausgebunden hätte. Ich erinnere mich noch ganz genau an das Gefühl und war von mir selbst überrascht: Ich hatte nicht einmal in Erwägung gezogen, Basti alleine in den Abgrund stürzen zu lassen! Ein Leben ohne ihn konnte ich mir schon damals nicht vorstellen und heute noch weniger. Das erzählte ich Thomas, aber ob es ihn beruhigte oder nicht, das wusste ich nicht. Wir beide schworen, dass wir alles daran setzen würden, so bald als möglich wieder hier unten zu sein. Vorausgesetzt, wir würden es heil nach oben schaffen.

Irgendwann kam das erlösende Zeichen: Basti zog das Seil mehrere Meter ein und gab es wieder aus. Irgendwie wäre ich gerne noch dort unten geblieben, aber so war es auch gut. Wir hatten vereinbart, dass ich als zweite gehen sollte. Im Notfall konnte ich Basti helfen, Thomas aus dem Krater zu bekommen. Ich nahm den Rest von Thomas' Rucksackinhalt. Einige der Messinstrumente hatte Basti übernommen, sodass unser Freund kaum etwas schleppen musste.

Im Wasserfall an einem starren Seil voller Asche über Überhänge zu klettern, das hatten wir nicht geübt. Ich schloss meine Steigklemme um das Seil und merkte, wie schwer ich sie durchziehen konnte. Was normalerweise einfach geht, war eine richtige Kraftprobe. Durch das Wasser war das Seil aufgequollen und der darin eingefangene Sand verhakte sich im Grigri. Wir verwendeten eine Methode mit selbstblockierendem Grigri, das über die Steigklemme zur Kraftverstärkung nach oben gezogen wird. Man muss sich nur einmal kurz an der Steigklemme nach oben ziehen, dann rutscht das Seil durch das Grigri automatisch nach und blockiert im Falle eines Sturzes. Jetzt rutschte nichts durch und schon gar nicht automatisch.

Mit Hängen und Würgen schaffte ich die ersten Meter und hing endlich frei in der Luft. Jetzt hätte es besser gehen müssen, aber ich drehte mich wie wild um die eigene Achse. Mir wurde schwindelig. Ich versuchte, tief zu atmen, doch mit Gasmaske war das nicht so einfach. Ich hatte keine Wahl: Ich nahm die Gasmaske ab und versuchte, meinen Atem zu beruhigen. Der Schwindel hörte langsam auf, obwohl ich mich immer noch fröhlich in der Leere drehte. Thomas wollte das Seil unter mir festhalten, aber es wäre zu gefährlich für ihn gewesen. Das pendelnde Seil hätte Steine herunterreißen können. Ich durfte nicht daran denken, dass sie auch auf mich fallen könnten. Langsam keuchte ich Zug für Zug, mich um die eigene Achse drehend, nach oben. Ich war kurz vor dem Überhang. Die Schwierigkeit bestand darin, das Grigri über die Kante zu bekommen. Das Seil lag auf und ich brauchte mehrere Zentimeter Abstand, damit es funktionierte. Eigentlich hätte ich die Beine gegen die Felswand stemmen müssen, doch unter mir war nichts. Nur über mir. Nun wusste ich, warum es kurzzeitig so ausgesehen hatte, als würde Basti kopfunter hängen. Also Beine nach oben. War ich froh, dass ich früher Kunstturnerin gewesen war. So fiel es mir nicht schwer, die Beine auf Höhe der Ohren gegen die Felswand zu stemmen und mich mit meinem schweren Rucksack in einer Art Spagat von der Wand zu drücken, um mein Seil und das Grigri vorbei an der gefährlichen Stelle zu mogeln. Armer Thomas! Aber wenn es gehen *muss*, dann geht viel mehr, als man oft denkt. Ich schaffte auch die letzten Meter bis zu Basti und fiel ihm erleichtert um den Hals. Hier wären wir schon mal! Nur noch 50 Meter, dann wären wir in Sicherheit! Mittlerweile war es drei Uhr nachts.

Ich war hellwach vor Aufregung, aber Thomas war noch immer nicht in Sicht. Er war schon längst im Seil eingebunden. Wir konnten es daran erkennen, dass das Seil gestrafft war und leicht schaukelte. Wir wussten nicht, wo er war und wie es ihm ging. Wir saßen unter einem klitzekleinen Vorsprung im Trockenen und warteten. Ich lehnte mich an Basti und mir fielen die Augen zu. Schon immer hatte ich jede sich mir bietende Gelegenheit genutzt, um zu schlafen. Wer wusste schon, wie schnell ich wieder alle meine Kräfte brauchte. Dass ich hier in der Wand im Vulkan schlafen konnte, überraschte mich aber selbst.

Plötzlich sprang Basti auf, um Thomas zu helfen. Nach fast zwei Stunden hatte er es geschafft und war in Sichtweite. Welche Erleichterung! Ich teilte die letzten Gummibärchen und den letzten Schluck Wasser aus.

Der Regen hatte nachgelassen und die Gase waren weniger geworden. Ob wir nicht doch wieder …? Beide Jungs schnitten mir gleichzeitig das Wort ab: »Nein!«

Dann begann der letzte Teil der Reise in die Sicherheit. Ich hörte an den freudigen Schreien von Jimmy, dass Basti oben angelangt war. Unsere Freunde müssen große Ängste ausgestanden haben.

Wir geben auf

Nun war ich an der Reihe. Ich band mich wieder ins Seil ein und kontrollierte auch, dass bei Thomas alles sitzt. Wenn man müde ist, können sich schnell Fehler einschleichen. Zug für Zug, Schritt für Schritt ging es nach oben. Wie Beppo, der Straßenkehrer. Mein Kopf war voller Eindrücke und doch leer zugleich. Ein merkwürdiges Gefühl. Wie nach einer durchfeierten Nacht, wenn der Körper nicht richtig weiß, ob noch Nacht ist oder schon ein neuer Tag. Ich war im Nichts, in der Unwirklichkeit. Anders kann ich es nicht beschreiben. Mein Körper funktionierte, mein Kopf auch, aber gleichzeitig war ich unglaublich müde von all den Eindrücken. Wie ein batteriebetriebenes Häschen machte ich weiter, voller Energie, aber ohne den Kopf einzuschalten. Auf einmal war ich oben! Jimmy gab mir seine große warme Hand und zog mich mühelos über die letzte Klippe nach oben. »*My daughter!*« Meine Tochter. So hatte er mich noch nie genannt. Ich freute mich riesig und drückte ihm einen schmatzenden Kuss auf die Wange. »*My daddy! Tank yu tumas, my daddy!*« Ich konnte ihm nicht genug danken. Unsere drei Freunde hatten die ganze Zeit auf uns gewartet und sich das Schlimmste ausgemalt. Glen und Gedeon hatten das Zelt aufgebaut, sodass sie beide und der Rest des Equipments nicht dem Regen ausgesetzt waren. Jimmy hatte die ganze Zeit über an der Abseilstelle im Wolkenbruch gewacht. In regelmäßigen Abständen hatte er unsere Verankerungen kontrollliert, an denen das Seil befestigt war und mit bloßen Händen Sand in die Rohre gefüllt. Ich weiß nicht, was passiert wäre, wenn er sich nicht darum gekümmert hätte. Immerhin hatten wir das Seil in einem reißenden Flussbett verankert. Der Fluss führte mittlerweile wieder weniger Wasser, nur noch zentimeterhoch plätscherte es dahin und ergoss sich in den Krater, auf Thomas. Jimmy berichtete, das Wasser hätte sich einen halben Meter hoch gestaut und er hätte solche Angst um uns gehabt! Wir versicherten ihm, dass wir es immer irgendwie schaffen würden, verschwiegen aber, dass auch wir wirklich große Bedenken gehabt hatten, ob dieses Mal alles gut ausgehen würde. Jetzt, wo ich in Sicherheit war, zitterten mir die Knie und ich merkte, wie ich immer mehr Angst bekam – um Thomas. Seit einer Stunde war er schon am Aufstieg und seit einer geraumen Zeit rührte sich das Seil nicht mehr. Was war da los? Wir konnten nichts machen, außer zu warten.

Vorne an der Kante sahen wir nichts und die Gase waren viel zu dicht, als dass man von der anderen Seite etwas hätte erkennen können. Wir warteten. Und warteten. Und warteten.

Gedeon sprang plötzlich auf. Er hörte das französische Schreien von Thomas als erster von uns. Mit einer Flut an französischen Flüchen, die ich besser nicht genau übersetze, kam Thomas aus der Tiefe hervor. Er sah vollkommen fertig aus! Sein Gesicht war rot und verschwitzt, die Hände waren blutig und an der Stirn hatte er eine Schramme. Er zog sich eine Armlänge nach oben, setzte sich ins Seil und fluchte. Er schimpfte noch ein weiteres Mal und dann zog er sich wieder ein wenig hoch. Mir blieb nichts übrig, als schallend zu lachen. Die anderen mussten mitlachen, bis schließlich auch Thomas einstimmte. Zu lustig war unser fluchender Franzose in diesem Moment! Die letzten Meter feuerten wir ihn an, doch es ging nicht schneller, Thomas war völlig am Ende. Der neue Tag brach bereits an, als er Basti die Hand reichte und wir ihn gemeinsam über die Kante ziehen konnten. Wir hatten es gemeinsam geschafft – wir waren wieder draußen!!! In diesem Moment dachte ich nicht über meinen geplatzten Traum nach, sondern war heilfroh, dass wir gemeinsam hier oben standen.

Glen, Jimmy und Gedeon zogen das Seil ein. Basti, Thomas und ich saßen einfach nur da und schauten zu. Ich war unsagbar erleichtert. Vor lauter Rührung stiegen mir Tränen in die Augen. Leise bedankte ich mich beim Vulkan. Als hätte Basti das gehört, drehte er sich um und sagte: »Da müssen wir uns aber bei Benbow bedanken, dass alles gut ausgegangen ist.« Auch Thomas hatte ähnliche Gedanken. Er lebte schon länger in Vanuatu, wo der Glaube an Geister allgegenwärtig ist. Thomas sprach offen aus, was er dachte und bedankte sich beim Vulkan. Gleichzeitig versprach er auch, nicht so schnell aufzugeben und mit uns gemeinsam wiederzukommen. Ja, lieber Benbow, bis zum nächsten Mal. So schnell wirst du uns nicht los! Zuerst würden wir wieder sparen müssen. Die Seile, Schlingen und Karabiner waren durch den sauren Regen zerstört worden und man würde sie nie mehr zum Abseilen benutzen können. An der Stelle, wo das Seil auf der Fumarole lag, war der Mantel geschmolzen. Die Karabiner begannen schon, zu korrodieren. Im Dorf würde man sich über neue Stricke zum Kühe anbinden freuen, wir aber bedauerten es sehr, Klettermaterial für mehrere tausend Euro zerstört zu haben. Aber Hauptsache, uns war nichts passiert.

Am frühen Nachmittag waren wir im Basislager zurück. Sogar ich aß die doppelte Portion Nudeln, die Jungs verspeisten die dreifache Portion. Anschließend legten wir uns in die Zelte und ich wachte erst am nächsten Morgen nach mehr als 15 Stunden wieder auf. Wie immer regnete es. Wir hatten das einzige Wetterfenster der ganzen letzten Wochen erwischt. Leider hatte es nicht ganz bis zur dritten Terrasse gereicht, aber wir wussten nun, dass es machbar war.

Ein wenig traurig packte ich unser Zuhause der vergangenen Wochen zusammen: unser orangefarbenes Zelt, den Spaghetti-Kochtopf, die Schüsseln, in denen man sowohl Suppe essen als auch Kaffee trinken kann, das Palmenblatt zum Feueranmachen und die nassen Kleidungsstücke. Wir würden wiederkommen, nur wann?

Zum Abschied schenkte Gedeon mir und Basti jeweils ein aus einem Seeigelstachel geschnitztes Tamtam. Die Ahnenfigur als Anhänger sollte uns für immer Glück bringen und an den Moment erinnern, wo die allmächtige Natur auf uns aufgepasst hat.

Im Dorf waren alle stark von unserem Abenteuer beeindruckt. Doch auf Gedeon wartete ein noch viel größeres Abenteuer: Er hatte gerade erfahren, dass seine Frau schwanger war und freute sich über alle Maßen. Wenn es ein Mädchen werde, sagte er, wolle er das Kind nach mir benennen, wenn es ein Junge werde, solle er Sebastian heißen, als Erinnerung an uns beide, »die die Kraft der Erde innehaben«, wie er sich in Bislama ausdrückte.

Ich freute mich sehr über diese besondere Ehre, war mir aber nicht so sicher, ob ich mich besonders kraftvoll fühlen sollte. Wir hatten es ja nicht geschafft! Und trotzdem waren wir dort gewesen, wo vorher noch keiner war. Trotzdem hatten wir ein paar Messungen machen können. Trotzdem. Man kann auch einen Bergsteiger nicht davon überzeugen, dass er eine tolle Leistung erbracht hat, *bevor* er auf dem Gipfel steht. Und obwohl ich von allen Seiten Bestätigung bekam, dass wir Großartiges geleistet hatten, war ich nicht zufrieden. Ich habe immer schon meiner eigenen Stimme mehr vertraut, als den Worten von anderen. Und so schmiedeten wir gleich Pläne, wie wir weitermachen wollten. Doch allein würden wir es nicht schaffen.

Kapitel 7

Der Traum

Mitte Dezember, rechtzeitig für Weihnachten, waren wir wieder zurück in Deutschland. Auf mich wartete ein riesiger Berg E-Mails, den ich seufzend in Angriff nahm. Zu schön war die Zeit im Basislager ohne Strom, ohne Internet und ohne Handyempfang gewesen.

Ein befreundeter Kollege schrieb mir und fragte mich, ob ich nicht ein paar Ideen für Geschichten hätte, er arbeite jetzt bei einem Fernsehsender, der nach Themen suche. Ich verfasste ein paar Zeilen über unser Vulkanabenteuer, fügte drei Fotos hinzu und schickte die E-Mail ab. Nach kurzer Zeit hatte ich sie schon wieder vergessen.

Eine Woche später erhielt ich eine Einladung vom Red Bull Media House, gemeinsam mit Basti am Tag vor Weihnachten zum Mittagessen in Salzburg vorbeizuschauen – der geschäftsführende Produzent würde uns gerne kennenlernen. Da wir für meinen Traum schon weitaus mehr auf uns genommen hatten, als zum Mittagessen nach Salzburg zu fahren, machten wir uns auf den Weg.

Zum Glück bestellte ich mir einen Salat, denn alles andere wäre kalt geworden: Der Produzent Wolfgang war von unserer Idee begeistert, uns in den Vulkan abzuseilen, er stellte viele Fragen und wir kamen kaum zum Essen.

Ich war verblüfft: Das Team produziert Dokumentarfilme von internationalem Niveau, die oft von der BBC, *Discovery* oder *National Geographic* gekauft und in der ganzen Welt gesendet werden. Sollten sie sich etwa für unsere Idee interessieren? Aber müssten wir dafür ständig mit dem Getränk zu sehen sein? Der Produzent beruhigte mich. Hier gehe es darum, dass die Filme die besten sein sollen, die es im Bereich der Dokumentarfilme gibt. Sie sollen unterhalten, verblüffen und den Zuschauer auf ein Abenteuer mitnehmen, bei dem er etwas lernt, idealerweise über den Schutz unseres Planeten. Ich war Feuer und Flamme. Genau das möchte ich mit meinen Geschichten bezwecken. Und nun kam diese unerwartete Möglichkeit, nicht nur wieder zum Vulkan zu kommen, sondern auch einen Film über unser Abenteuer zu machen, der womöglich andere Menschen inspirieren und an unserer Arbeit teilhaben lassen kann.

Als Wolfgang mir am Ende des Treffens die Hand gab und mir sagte, dass er sich auf die Zusammenarbeit freue, konnte ich es kaum glauben. Ein schöneres Weihnachtsgeschenk konnte ich mir nicht vorstellen! Noch auf der Heimfahrt erstellten Basti und ich ein Budget, das bei unserem nächsten Besuch in Salzburg für Überraschung sorgen sollte, denn es war zu niedrig! Anstatt drei Wochen zu bleiben und auf Glück mit dem Wetter zu hoffen, würden wir vier Wochen vor Ort sein dürfen. Unsere neuen Chefs wollten auch nicht, dass wir und die Filmcrew so lange nur Instantnudeln essen. Wir durften Expeditionsnahrung kaufen und wählten begeistert zwischen Lamm Curry, Beef Stroganoff oder Paella. Wir mussten auch nicht versuchen, das ganze Gepäck mit einem regulären Flug nach Ambrym zu bekommen, wir durften eine Maschine chartern. Unsere Freunde in Lalinda würden sich außerdem über eine großzügige Spende für die Schule freuen dürfen, die ins Budget aufgenommen wurde. Wir waren sehr dankbar, so gute Arbeitsbedingungen zu bekommen und stürzten uns voller Elan in die Vorbereitungen.

Der Zyklon

Es war der 14. März 2015. Ich saß am Computer und bearbeitete meine E-Mails, als mich eine Nachricht von Michel erreichte. Wir schrieben uns noch immer regelmäßig. Mittlerweile hatte er auch Basti kennengelernt und freute sich für mich, dass ich einen so tollen Partner gefunden hatte. Ich öffnete die Nachricht mit dem Betreff »Zyklon« und musste erst einmal schlucken.

Ein Zyklon war in der Nacht über Vanuatu hinweggefegt und hatte das ganze Land verwüstet. Die Regierung hatte den Notstand ausgerufen. Michel sorgte sich um unsere Freunde auf Ambrym, zu denen er keinen Kontakt herstellen konnte. Ich schaute im Internet. Der Zyklon, der auf den Namen Pam getauft worden war, war einer der gefährlichsten je gemessenen Zyklone mit der stärksten Kategorie, Stufe 5. Er war mit Windstärken von bis zu 300 Stundenkilometern über Vanuatu hinweggefegt. Augenzeugen berichteten, wie bis zu acht Meter hohe Wellen über das Land hereingebrochen waren. Laut *Spiegel online*[1] sollen in Port Vila 90 Prozent der Häuser beschädigt oder zerstört worden sein. Man vermutete, dass auf den entlegenen Inseln ganze Gemeinden regelrecht »weggeblasen« worden war.

Wie furchtbar! Ich hatte große Angst um unsere Freunde. Trotzdem war ich mir sicher, dass es ihnen gut geht. Sie sind zu sehr mit der Natur verwurzelt, um die Anzeichen eines Zyklons nicht erkennen zu können.

Jimmys alte Tante Margie hat mich in die Geheimnisse des Lebens mit den jedes Jahr wiederkehrenden Zyklonen eingeweiht. Sie ist fast blind und schwört darauf, der Natur zuzuhören.

Die Vögel fliegen als erstes weg. Wenn man am Morgen keinen Gesang mehr vernehmen kann, weiß man, dass etwas im Anmarsch ist. Dann beginnen die Flug-

1 http://www.spiegel.de/panorama/zyklon-pam-vanuatu-ruft-den-notstand-aus-a-1023600.html
(Zuletzt abgerufen am 16.4.2017)

hunde, aufzubrechen. Die Tiere sind sonst in der Dämmerung aktiv, aber wenn man tagsüber ihren Flügelschlag hört, stimmt etwas nicht. Wenn sich die Hunde, die sonst immer frei herumstreunen, plötzlich dicht ums Feuer in der Hütte drängen und auch die Hühner hineinkommen, muss man sich auf einen Zyklon vorbereiten: Margie und ihre Familie ziehen sich in das Küchenhaus zurück. Es steht windgeschützt hinter einer Kuppe unter Galipnuss-Bäumen, die sehr biegsam sind und ein wenig an große Haselbüsche erinnern. Das Dach des Hauses hat Margie selbst geflochten, obwohl sie nichts mehr sieht: Ihre Hände wissen genau, wie man aus Kokospalmenblättern stabile Schindeln flicht. Das Dach der Kochhütte ist gewölbt und geht bis auf den Boden. Es gibt keine Wände, um dem Wind so wenig Angriffsfläche wie möglich zu bieten. Das Dach hält den Regen ab, aber die Kokospalmenschindeln sind winddurchlässig, sodass der Sturm hindurchfegen kann und keinen Widerstand hat. Traditionell gibt es Stämme im Norden Vanuatus, die sich vor der Zyklonzeit einen Vorrat aus fermentierter Brotfrucht anlegen. Im Boden gelagert, kann sie mehrere Jahre überdauern und auf diese Weise lassen sich lange Notzeiten überbrücken, bis wieder neues Gemüse auf den Feldern wächst. In Lalinda wird das leider nicht mehr gemacht, aber internationale Hilfe war bereits auf dem Weg, um den Menschen in der ersten Zeit Nahrung zur Verfügung zu stellen.

Basti und ich berieten uns. Wir wussten, wie schwierig es in diesem Land ist, Gelder gerecht zu verteilen und beschlossen, selbst für unsere Freunde zu sammeln.

Vor Jahren hat Guy, ein ehemaliger Mitreisender unserer Vulkanexpedition und mittlerweile guter Freund, den Verein PPAF gegründet, den *Pacific People Aid Fund.* Wir starteten einen Spendenaufruf an die Mitglieder. Zusätzlich fragte ich meine Freunde in den sozialen Netzwerken und durfte in der evangelischen Kirchengemeinde unseres Ortes die Kollekte verwenden. Im Nu kamen über 10.000 Euro zusammen.

Inzwischen erreichte uns die Nachricht von Michel, dass auf Ambrym nur ein Todesopfer zu beklagen sei. Für die alte Rita aus Craig Cove war die Aufregung zu viel gewesen und sie starb an einem Herzinfarkt. Allen anderen ging es gut. Vor Ort waren auch schon Hilfsorganisationen, die sich um unsere Freunde kümmerten. Wir beschlossen, von dem gesammelten Geld bei unserem nächsten Besuch Werkzeuge zu kaufen und ein neues Dach für Schule, Kindergarten und Kirche bauen zu lassen. Wir wollten kein Bargeld überreichen, denn in einer Gesellschaft, in der Geld nicht wichtig ist, führt es unweigerlich zu Schwierigkeiten, eine große Menge an solchem einer einzigen Person anzuvertrauen.

Oftmals frage ich mich, ob es unseren Freunden ohne uns nicht besser gehen würde und sie ihr Leben wie früher leben könnten: Ohne Sorge um Geld für Schule oder Krankenhaus und ohne Angst, die Handykosten nicht bezahlen zu können. Mittlerweile hatte fast jeder auf Ambrym ein Handy. Ich kann den Zeitpunkt nicht genau benennen, wann es so weit war, aber dieses kleine Gerät der Moderne hat das Leben im Dorf nachhaltig verändert. Auf einmal brauchte man Generator, Strom und Geld für Handyguthaben. Immer mehr junge Menschen zogen in die Stadt.

Früher war das wie ein kleiner Tod: Man war weg von der Familie und keiner wusste, wie es dem anderen ging. Kontakt konnte man nur aufnehmen, indem man ins Dorf zurückkehrte. Auf einmal war alles anders und mit dem Handy werden die Familien einerseits zusammengehalten, aber andererseits auch zum Wegzug ermutigt.

Die Entwicklung lässt sich nicht mehr aufhalten und die Menschen selbst möchten sie. Warum soll man es ihnen dann verweigern? Wir wissen, dass wir mit unseren Besuchen einen Einfluss auf die Kultur und Lebensweise im Dorf haben, möchten ihn aber so gering und so positiv wie möglich halten. Mein Studium in Umweltmanagement kommt mir dabei zugute. Ich habe gelernt, dass es wichtig ist, die Vor- und Nachteile beider Welten aufzuzeigen und den Zugang in beide Richtungen zu ermöglichen. Die Menschen sollen sich im Idealfall in der modernen Welt zurechtfinden und lernen, ihre Umwelt zu schützen, ohne aber ihre Ursprünglichkeit und ihre Traditionen zu verlieren. Das funktioniert nur mit der entsprechenden Bildung.

Seit Jahren unterstützen wir die Schule vor Ort und schauen oft selbst vorbei, um eine Unterrichtsstunde zu geben. Ich frage mich oft, wie das Leben der Kinder in 20 Jahren aussehen wird. Mein erster Besuch auf Vanuatu ist fast so lange her. Ich habe Veränderungen gesehen, aber die Menschen in den Dörfern scheinen damit gut zurechtzukommen. Sie strahlen noch immer diese tiefe, innere Zufriedenheit aus, die mich bei meinen ersten Besuchen so beeindruckt und beeinflusst hat. Kaum vorstellbar, dass das Land als Nummer Eins auf der Liste der durch Naturkatastrophen[2] am meisten gefährdeten Ländern gilt.

---

2 Auf einer Rangliste, die zeigt, wie stark Länder von Naturgewalten bedroht sind, belegt Vanuatu den ersten Platz:
http://weltrisikobericht.de/
https://de.statista.com/statistik/daten/studie/193199/umfrage/gefaehrdeste-laender-laut-weltrisikoindex/
(Zuletzt abgerufen am 16.4.2017)

Der Vulkanausbruch

Kaum hatte sich Ambrym vom Zyklon herholt, erfuhren wir einen Monat später von einem Vulkanausbruch des Marum. Diesmal von Thomas, der gerade vor Ort war. Ein gewaltiger Lavastrom von mehreren Kilometern Länge hatte sich in die Caldera ergossen und über eine Woche lang spuckte der Vulkan Asche auf die ganze Insel. Die Asche hatte die erste Ernte nach dem Zyklon zerstört und die vulkanischen Gase das Trinkwasser ungenießbar gemacht. Unsere Freunde machten schwere Zeiten durch!

Wir berieten, ob unsere Reise unter diesen Umständen überhaupt Sinn machen würde und entschieden uns für die Durchführung. Wir wollten unseren Freunden vor Ort Arbeit beschaffen und ihnen unter die Arme greifen, wenn sie uns brauchten.

Wenige Wochen später war es so weit: Unsere Expedition war startklar. Ein vierköpfiges Filmteam begleitete Basti, Thomas und mich nach Ambrym.

Als wir auf der Insel ankamen, erfuhren wir als erstes, warum so viel Unglück über die Menschen hereingebrochen war: Jemand hatte den Vulkan nicht respektiert! Angeblich hatte sich ein Neuseeländer in den Marum abgeseilt, ohne die Einheimischen um Rat zu fragen. Im Gegenteil, er hatte sich sogar über die Gepflogenheiten vor Ort hinweggesetzt und war mit dem Helikopter eingeflogen, ohne die Menschen im Ort als Träger zu beschäftigen und ohne die Häuptlinge um Erlaubnis zu bitten! Angeblich hatte er auch versucht, in den Benbow zu gelangen. Kurze Zeit später fegte der Zyklon über die Insel hinweg und der Vulkan brach aus.

So ganz glaubte ich zwar nicht daran, dass der Neuseeländer die Naturgewalten heraufbeschwört hat, aber ich ärgerte mich: Sollte er mir etwa zuvorgekommen und als erster Mensch im Benbow gewesen sein? Zum Glück fanden wir keinerlei Hinweise darauf, dass er es wirklich bis ganz nach unten in den Benbow geschafft hatte. Jimmy hat seine Augen und Ohren überall, er weiß ganz genau, wer in »seinem« Vulkan etwas macht. Er wusste leider auch, dass der Level des Lavasees weit gesunken war. Von der ersten Terrasse aus würde man den See gar nicht mehr sehen! Auch Thomas war sich nicht sicher, ob es überhaupt noch einen Lavasee im Benbow geben würde. Er hatte den neuen Lavastrom des Marum aus der Luft vermessen und konnte es jetzt kaum erwarten, in den Benbow zu blicken. Wenn dort der Füllstand des Sees merklich zurückgegangen war, wäre das ein Beweis dafür, dass die beiden Vulkane durch dieselbe Magmakammer gespeist werden! Man müsste nur die Proben der frischen Lava vergleichen und hätte Gewissheit.

An diesem Tag war mir die Wissenschaft ausnahmsweise egal. Ich machte mir Sorgen wegen meines Traumes. Ich wollte deswegen so weit nach unten, weil ich dem brodelnden See nahe sein wollte! Wenn es keinen Lavasee mehr gab, was sollte ich dann dort? Außerdem ging es nicht mehr nur um meinen Traum, wir mussten auch einen guten Film abliefern.

In dieser Nacht schlief ich kaum. Ich machte mir große Sorgen und wälzte ich mich mit Mordgedanken in meinem Zelt hin und her: Am liebsten hätte ich den Hahn vor dem Zelt erwürgt, der wie immer genau dann krähte, wenn ich fast eingeschlafen war.

Am nächsten Morgen besichtigten wir die Schäden vom Zyklon und vom Vulkanausbruch und verteilten einen Teil der gekauften Hilfsgüter. Außerdem sorgten wir für Arbeit und beschäftigten so viele Menschen wie möglich. Am Ende war fast ganz Lalinda für uns tätig: Während unseres Aufenthaltes im Dorf kochten die Frauen für uns. Die Kinder suchten Obst für unseren Krateraufenthalt. Die Männer waren wie immer unsere Träger, aber wir achteten darauf, dass keiner mehr als 15 Kilogramm schleppte. Bei einer Last von um die 800 Kilogramm waren das schon mehr als 50 Träger. Jeder von ihnen bekam knapp 22 Euro. Die Nachwuchsträger durften nur knapp sieben Kilogramm tragen. Auch die Schulkinder wollten dabei sein und teilten sich die Last eines Nachwuchsträgers auf: Jedes nahm zwei Wasserflaschen mit auf den Vulkan, das sind drei Kilogramm – so viel wiegt auch ein Schulranzen eines Erstklässlers bei uns. Dafür bekam jedes Kind 5,50 Euro. Damit konnte man sich 15 dicke Schulhefte kaufen, fünf Kugelschreiber und eine Packung Farbstifte, genug für die ganze Grundschulzeit. Oder zwei Fußbälle und eine Luftpumpe – genug für das ganze Dorf. Während wir uns für den Marsch auf den Vulkan vorbereiteten, flochten die Frauen schon Dachschindeln. Der Zyklon hatte unser Basislager in der Caldera zerstört, das wollten wir wieder aufbauen. Zum einen hatten wir dort oben wieder ein trockenes Fleckchen und für unsere Freunde, die Guides, einen warmen Schlafplatz, zum anderen schafften wir so wieder Arbeit: für die Frauen, die die Dächer flochten und für weitere Träger, die alles wieder nach oben schleppten.

Der Vulkanflüsterer

Auch ZakZak wurde wieder angestellt: als Vulkanflüsterer. Am Tag vor unserem Abmarsch besuchte ich ihn gemeinsam mit Basti. Er streckte mir die Hand hin: »Bitte entschuldige!«

Ich wunderte mich – wofür? Nach einer Weile rückte ZakZak mit der Sprache heraus: Bei unserem letzten Besuch hatte er große Angst um uns gehabt, deswegen war der Vulkan die ganze Zeit in seine eigene Wolke gehüllt. Erst, als Machin sie weggepustet hatte, konnten wir nach unten. Aber ZakZak ist das nicht recht gewesen.

Ich nickte: »Schon gut, ZakZak. Bist du wenigstens damit einverstanden, dass wir dieses Mal hinabsteigen?«

Mein Gegenüber schwieg und schaute ins Feuer. Ich versicherte ZakZak, dass wir gut aufpassen würden. Basti erklärte ihm genau, was wir vorhatten. Trotzdem schickte uns unser Freund wieder weg. Er bat um Bedenkzeit, wir sollten später wiederkommen.

Am Abend kauerte ZakZak immer noch am Feuer. Sein Onkel Efraima saß neben ihm, die knorrigen Hände auf einen ebenso knorrigen Stock gestützt. Efraima war weit über 60, aber seine dunklen Augen sprühten vor Lebendigkeit. Nur seine kurzen weißen Haare und der weiße Bart verrieten sein Alter. Efraima trug als einziger im Dorf eine Brille, die ihm den Anschein eines gelehrten Mannes verlieh. Auch er hatte ZakZaks runde Kopfform. Beide blickten ins Feuer. Ich setzte mich neben die beiden, die begannen, sich in Stammessprache zu unterhalten. Es klang, als wären sie sich nicht einig. Ich wusste, Efraima ist der Gelassenere der beiden. Er hatte schon viel in seinem Leben gesehen und war immer der Meinung, dass man seine eigenen Erfahrungen machen musste. ZakZak war fast so etwas wie ein großer Bruder für mich. Er wollte mich beschützt wissen und machte sich Sorgen: Wenn uns im Vulkan etwas zustößt, würde er im Dorf dafür verantwortlich gemacht werden. Die Blicke gingen hin und her. Ich versuchte, ZakZak die

Hand zu reichen: »Versprochen, wir werden aufpassen. Bitte sag ja!«

Er stand wortlos auf und ging in seine Hütte. Er holte einen weißen Sack, den er Efraima reichte. Sein Onkel begann, den Knoten zu lösen. Fast ehrfürchtig kam er mir vor. Die Hülle fiel und entblößte zwei Rohre aus Bambus. Sie waren mit Moos verstopft und raschelten leise, als sie hochgehoben wurden. Mit flüsternder Stimme erklärte uns Efraima, dass das die *Mettsin*, die »Medizin« sei, die ihm sein Bruder vor dem Sterben anvertraut habe. Mit einer Mischung aus bestimmten Kräutern und geheimen Zutaten könne ZakZak den Vulkan zum Stoppen bringen. Die *Mettsin* habe sein Vater gemacht, ZakZaks Großvater. So habe er bei der Explosion 1950 den Lavafluss angehalten.

Nun kannten wir wieder ein Stück mehr von den Geheimnissen der Insel. Damals wurden drei Rohre angefertigt, nur eines wurde eingesetzt, zwei waren übrig. ZakZak nahm die Bambusröhren in die Hand, drehte und wendete sie. Das Licht des Feuers reflektierte auf dem glänzenden Bambus. Es wirkte, als hätten die Rohre ein Eigenleben.

Ob ein wenig mehr Geld helfen würde? Bisher hatten wir ZakZak immer den gleichen Betrag gegeben wie einem Träger. Ich bat ihm einen weiteren Schein an. ZakZak schaute mich nur entrüstet an und packte die Rohre wieder weg. Nein, bestechen ließe er sich nicht! Er habe einfach ein ungutes Gefühl, vertraute er sich mir an.

Efraima redete dagegen: »Lass sie schon gehen, sie müssen uns eben versprechen, gut aufzupassen.« ZakZak nickte, aber er sagte nichts. Ich interpretierte das als Ja, ergriff seine Hand und bedankte mich. Nur schnell weg von hier, bevor er es sich doch wieder anders überlegt! Ein wenig unangenehm war mir schon zumute bei dem Gedanken, dass ZakZak nicht wirklich einverstanden war.

Der Aufstieg

Am nächsten Morgen waren die Gedanken vergessen. Es galt, die Trägerkolonne zu koordinieren und zu bezahlen. Zum Glück waren Basti, Jimmy und ich ein eingespieltes Team, sodass wir rasch fertig waren und uns um die Filmarbeiten kümmern konnten.

Die Crew wollte den Aufbruch filmen und das am liebsten mit der Drohne. Basti packte zum ersten Mal sein Fluggerät aus. Wie musste das wohl auf eine Gesellschaft wirken, die kaum Technik kannte? Die Motoren surrten und wurden lauter. Kinder rannten näher, die Erwachsenen waren sowieso schon alle da. Ein Raunen ging durch die Menge und dann schrien alle los: Die Drohne war in der Luft! Die Aufregung war riesengroß. Keiner konnte sich vorstellen, was wir damit machten, aber einfach nur ein Ding zu sehen, das wir in die Luft steigen lassen konnten, schien ein riesiger Spaß zu sein.

Basti drehte den Monitor so, dass er für alle gut sichtbar war. Das Geschrei der Kinder (und Erwachsenen!) war so laut, dass ich mir die Ohren zuhalten musste. Diese Menschen hatten sich noch nie selbst in einer Kamera gesehen, geschweige denn aus der Luft. Falls bisher noch jemand in seiner Hütte geblieben war, war er spätestens jetzt draußen und schaute nach oben. Ich erinnerte mich daran, wie sauer Carsten gewesen war, als ich durch meinen direkten Blick in die Kamera sein Foto ruiniert hatte. Im Dorf würden wir heute auch keine ungestellten Bilder bekommen!

Ich gab das Zeichen zum Aufbruch und die Karawane setzte sich langsam in Bewegung. Die Drohne begleitete uns. Sie konnte knapp über eine halbe Stunde in der Luft sein, sie konnte fünf Kilometer wegfliegen und 500 Meter nach oben. Bald schon nahmen die Träger unser Fluggerät nicht mehr wahr – aber sie konnten aufgrund der Lasten ohnehin nicht mehr nach oben schauen und so gelangen doch noch authentische Aufnahmen der Kolonne. Kaum war die Drohne eingepackt, wurde die Kamera auf uns gerichtet.

Der attraktive Kameramann hieß Jochen, kam aus Stuttgart und wohnte mit seiner Familie in Barcelona. Er schloss sofort Freundschaft mit ZakZak, da Jochens Sohn wie dessen Ältester auch Jason heißt. Der langhaarige Jochen mit dem sympathischen Lachen ist auf Drehs in extremen Gegenden unseres Planeten spezialisiert, aber er war noch nie in einem aktiven Vulkan. Der zweite Kameramann, Pablo, kam aus Kolumbien und hatte etwas Verwegenes. Ihm würde man auch abnehmen, ein Mafioso zu sein, er ist aber eine Seele von Mensch und war sehr zuvorkommend. Der Tonmann Neidjc war noch mit von der Partie und unser Assistent Felix, der wie ich aus der Pfalz kommt und der zehn Kilometer von Enkenbach-Alsenborn entfernt wohnte, wo ich aufgewachsen bin. Er war schon einmal auf einer unserer früheren Reisen dabei gewesen und kannte sich hier bestens aus.

Auf einmal war ich nicht mehr hinter der Kamera, sondern davor und wurde bei jedem Schritt gefilmt. Ich muss zugeben, dass es mir richtig Spaß machte, mir vorzustellen, die Menschen in meiner Heimat auf unsere Expedition mitzunehmen.

Wir kamen nur langsam voran, weil wir gefühlt an jeder Ecke stehenblieben. Doch so nahm ich den Aufstieg zum Vulkan, den ich in all den Jahren wohl schon weit über 50 Mal gegangen war und der zur Selbstverständlichkeit geworden war, wieder bewusster wahr: Ich nahm mir Zeit für eine Pause in der Kokosnussplantage und erfrischte mich mit Wasser aus einer jungen Kokosnuss. Anschließend knackten wir ein paar Galipnüsse, die am Wegesrand wuchsen. Die nächste Pause machten wir an Lianen, aus denen man trinken konnte. Unterwegs sammelten wir ein paar Farne ein, aus denen man einen leckeren Spinat zubereiten konnte, und einer der Träger fand ein paar dicke Maden, die über dem Feuer geröstet ein leckerer Happen vor dem Abendessen waren. All diese Dinge, die die Natur denjenigen bietet, die sich darauf einlassen wollen, sind mir mittlerweile zur Selbstverständlichkeit geworden. Ich kenne die Pflanzen und Tiere mit Namen und weiß, welche Blätter man als Toilettenpapier verwenden kann und welche tagelang jucken. Ich kenne Kräuter gegen Husten und welche gegen Kopfschmerzen und ich weiß, mit welchen Pflanzen man einen Tee machen kann und wie man Palmenherzen auslöst.

Früher kannte ich mich tatsächlich besser im Dschungel aus als in meiner eigentlichen Heimat, doch das habe ich nachgeholt. Mir wurde durch die Reisen ans andere Ende der Welt klar, dass ich das Wissen unserer Vorfahren verlernte.

Ich konnte den Menschen hier nicht sagen, dass sie ihre Traditionen bewahren und leben sollten, wenn ich es selbst nicht tat. Basti und ich hatten uns ein Jahr Zeit genommen, die Dolomiten zu durchqueren und alles über unsere Heilpflanzen und Traditionen zu lernen. Mittlerweile ist mir bewusst, wie wertvoll das Wissen meiner Vorfahren ist und wie wenig Beachtung ich ihm schenkte. Ich habe gelernt, meine Herkunft nicht zu verleugnen, sondern froh darüber zu sein, aus dem Land der »Dichter und Denker« zu kommen und stolz auf die wissenschaftlichen Entdeckungen zu sein, die unser kleines Land hervorgebracht hat. Dazu war der Umweg zum anderen Ende der Welt nötig gewesen.

Auf unserem Weg nach oben veränderte sich die Vegetation: Wir verließen die Kokospalmenhaine und durchquerten den Primärregenwald mit seinen langen Bartflechten, Bromeliengewächsen und Geweihfarnen. Je höher wir kamen, desto kleiner wurden die Bäume, bis nur noch Palmen, Baumfarne, Sträucher und lila Orchideen wuchsen. Gleich würde mein Lieblingsmoment kommen: Der Aufstieg über die Düne und der erste Blick in die Weite der Caldera. Ein Schritt vor, zwei zurück. Dann öffnete sich der Wald. Vor mir lag die graue Ascheebene. Sonst war alles weiß, die Vulkane versteckten sich im Nebel. Heute war mir das egal. Wir hatten genug Zeit, dass sich das noch änderte. Jetzt war ich erst einmal glücklich, wieder in »meiner« anderen Welt angekommen zu sein.

In unserem Basislager inspizierten wir die Zyklonschäden. Die Hütte von unserem letzten Besuch, bei dem es so viel geregnet hatte, stand zum Glück noch. Nur das Dach musste erneuert werden. Das würden wir mit den Dachschindeln aus dem Dorf in den nächsten Tagen in Angriff nehmen. Jetzt hieß es erst einmal, die Zelte aufzubauen, bevor sich die tiefhängenden, schwarzen Wolken über uns entladen würden. »Beeil dich, ich möchte nicht in einem nassen Zelt liegen, das trocknet hier oben doch wieder nicht!«, rief Basti mir zu. Minuten später stand unser Zelt. Seit Bastis Heiratsantrag im Vulkan waren vier Jahre vergangen und wir waren mittlerweile ein perfekt eingespieltes Team.

Wir halfen Jimmy, Gedeon, Glen und drei weiteren Guides, die bei uns bleiben würden, aus Planen einen Arbeitsplatz für die Kameracrew zu errichten. Unter Gedeons Aufsicht wurde im Nu aus mitgebrachten Hölzern ein Tisch gebaut, eine Bank gezimmert und das Gerüst für die Plane aufgestellt. Diesmal hatten wir Nägel, Hammer und eine Axt dabei und waren verblüfft, was die Jungs, vor allem Gedeon, damit zauberten. In Deutschland wäre Gedeon bestimmt ein angesehener Schreiner oder Bauleiter. Er hat ein unglaubliches Geschick, mit Holz umzugehen, aber auch darin, sein Wissen weiterzuvermitteln. Das würde er auch bald tun dürfen, denn als wir fertig waren und ich das Abendessen für alle zubereitete, verriet er uns, dass seine Frau Etna eine Tochter bekommen hatte. Sie würde Ulla heißen. Ich freute mich riesig, welche Ehre! Gedeon erzählte lachend, dass Klein-Ulla sehr kräftig und mutig sei. Sie war kurz vor dem Zyklon zur Welt gekommen und hatte die ersten Wochen ihres Lebens in einer Notunterkunft verbracht, wo sie mit ihrem Lachen alle Menschen glücklich gemacht und jeden aufgemuntert hatte. Auch beim Vulkanausbruch hätte sie keine Angst gehabt, erzählte Gedeon stolz. Ich war gerührt und ließ mir immer wieder die verschwommenen Bilder auf Gedeons uraltem Handy zeigen. Natürlich wurde auch diese Szene gefilmt. Das Wetter schien zu halten, bislang regnete es nicht.

Lagerleben

Am nächsten Morgen hatte sich der Nebel gelichtet, aber der Krater schien noch immer voller Gase. Es wäre nicht ideal, aber es würde wahrscheinlich reichen, um sich zumindest auf die erste Terrasse abzuseilen. Basti und ich standen auf der Düne vor unserem Lager, von der aus man die ganze Caldera im Blick hatte und berieten uns.

Dieses Mal wollten wir ein vorgeschobenes Basislager auf der ersten Terrasse im Vulkan errichten, um Zeit zu sparen. Mit dem Filmteam waren wir viel langsamer unterwegs als sonst. Jetzt alles zusammenpacken und schnell das Lager wechseln? Oder lieber warten, bis die Bedingungen besser würden? Wir hatten noch vier Wochen Zeit. Wir entschieden uns, zu warten. Hauptsächlich deshalb, weil es mit so vielen Leuten zu gefährlich gewesen wäre, sich zu beeilen. Die Filmer waren noch nie in einem Vulkan gewesen, hatten sich noch nie mit Gasmaske abgeseilt, geschweige denn damit übernachtet. Hinzu kamen die Müdigkeit von der Zeitverschiebung und der wenige Schlaf seit unserer Ankunft in Vanuatu, die Hitze der Tropen und die Anstrengung des Aufstieges. Vor allem war die Ausrüstung nicht entsprechend verpackt und das Basislager mit den beiden Generatoren und der Ladestation für die Batterien war auch noch nicht richtig aufgebaut. Früher galten unsere Sorgen dem Essen oder dem Wasser, heute machten wir uns Gedanken um Stromversorgung und verlegten Kabel zur Hütte.

Sogar Glühbirnen hatten wir aus der Hauptstadt mitgebracht! Jimmy kümmerte sich liebevoll um sie. Am Ende des Drehs würde die Kirchengemeinde in Lalinda einen Generator, die Kabel und die Glühbirnen bekommen. Jimmy wird für die Wartung verantwortlich sein und bei Feierlichkeiten alles aufbauen. Es war rührend, wie er sich von Basti alles genau zeigen ließ und welche Angst er hatte, Fehler zu machen.

Auch ich hatte Angst, einen Fehler gemacht zu haben und fragte mich, ob es richtig war, zu warten. Den ganzen Tag lang hatte es nicht geregnet und ab und an zeigte sich die Sonne.

Die darauffolgende Nacht war sternenklar und es gelangen tolle Aufnahmen der rot glühenden Vulkane vor einer funkelnden Milchstraße. So sehr ich mich darüber ärgerte, nicht schon im Vulkan zu sein, so muss ich doch gestehen, dass ich es sehr genoss, dem Schauspiel aus der Ferne zuschauen zu dürfen. Von den lodernden Vulkanen ging eine unbeschreibliche Anziehungskraft aus. Wie ein Magnet fühlte ich mich zu ihnen hingezogen.

Ich musste an meinen Tagebuchauszug denken, in dem ich die Motten beschrieb, die sich vom Licht des Vulkans angezogen fühlen, sich aber daran verbrennen und sterben. Bisher hatte ich nicht wirklich Angst vor dem gehabt, was wir vorhatten, auch nicht nach den Erfahrungen vom letzten Mal, als wir fast unten geblieben wären. Diesmal war es dennoch irgendwie anders. So viele Menschen waren mir und meinem Traum gefolgt. Sie vertrauten mir, dass sie heil zu ihren Familien nach Hause zurückkehren würden. In dem Moment, als Jochen fluchend auf der Düne hin und her stapfte und mit dem schlechten Handyempfang kämpfte, weil er seinem Jason unbedingt versichern wollte, dass es ihm gut gehe, wurde mir auf einen Schlag meine Verantwortung bewusst. Zum allerersten Mal wurde mir klar, welche Angst meine Mami um mich haben musste. Darüber hatte ich mir nie wirklich Gedanken gemacht.

Den Rest der Nacht verbrachte ich auf der Düne beim Fotografieren. Ich konnte sowieso nicht schlafen, weil ich mir zu viele Sorgen machte.

In den frühen Morgenstunden begann es, zu tröpfeln. Ich kroch zu Basti ins warme Zelt, kuschelte mich an ihn und ließ mich vom Geräusch des Regens in den Schlaf wiegen. Als ich aufwachte, regnete es immer noch. Ich hatte nichts verpasst. Die anderen saßen am Feuer und tranken den zweiten Kaffee.

Es hatte sich eingeregnet. Der Nebel und mit ihm die Feuchtigkeit legten sich wie ein Mantel über das Camp. Er hatte alle Farben verschluckt, die Geräusche waren fast weg. Tagelang passierte nichts. Wirklich nichts. Es fiel mir unheimlich schwer, vom Stress der Vorbereitung und der Anspannung loszulassen und zu akzeptieren, dass ich nun nichts mehr tun konnte, außer warten. Das war das Schwierigste. Wenn man immer wieder an derselben Stelle zum Warten verdonnert ist, mit unterschiedlichen Menschen zwar, aber mit demselben Traum vor Augen, ist das schon nicht einfach. Aber diesmal war ich für einen Film verantwortlich. Außerdem wollte ich einfach nicht mehr länger warten. Ich hatte gewartet, seitdem ich acht war. Irgendwann musste doch endlich einmal Schluss mit dem Warten sein! Wie viele Tage hatte ich schon so hier oben verbracht?

Der Nebel schlug nicht nur auf meine Stimmung. Auch die Jungs waren ungeduldig. Sie wollten endlich anfangen und waren neugierig auf den Vulkan, von dem sie schon so viel gehört hatten. Doch die Caldera hing voller Regenwolken, die vom Wind über die Ebene gepeitscht wurden. Ich zweifelte stark, ob meine Entscheidung am Anfang der Expedition die richtige gewesen war. Zum Glück hatte ich Basti! Er war so viel geduldiger und gelassener als ich und lachte nur über meine Bedenken. Während der zweiten Woche Regen lachte er allerdings nicht mehr so laut. In der Nacht lagen wir beide gemeinsam wach und grübelten. Es ist schwierig, einzuschlafen, wenn der Körper nicht müde ist. Zum ersten Mal verstand ich Menschen mit Schlafstörungen.

Wir versuchten, mehr Sport zu treiben und machten Klimmzugwettbewerbe. Wir schnitzten einen Balken mit kleinen Klettergriffen, an denen man sich hochziehen musste. Zum Jubel aller schaffte ich mehr Klimmzüge an den kleinen Löchern als der starke Gedeon!

Ich hatte keine Ahnung mehr, welches Datum wir hatten oder welcher Wochentag es war. Die Uhrzeit wurde bedeutungslos.

Zu Hause schaue ich alle fünf Minuten auf mein Handy, um die Zeit zu kontrollieren, um zu schauen, welche E-Mails gekommen sind oder um über Instagram mit den Fotografenkollegen in Kontakt zu bleiben. Hier war das alles egal.

Die dritte Woche

Irgendwann in der dritten Woche weckte mich das Flüstern von Gedeon, der um unser Zelt herumschlich. Rasch heraus aus dem Schlafsack, in meine klamme Kleidung und in die nassen Schuhe. Kurz darauf stand ich am wärmenden Lagerfeuer. Was war los? Keiner zu sehen. Aber auf dem Tisch stand ein großes Arrangement aus Farnen, Moosen, grünen Zweigen und einer Orchidee. »Happy birthday to you!« – Gedeon kam mit einem Strahlen um die Ecke. Heute war mein Geburtstag! Das hatte ich ja fast vergessen!

Das Wetter machte mir keine Geschenke, aber dafür bekam ich umso mehr von den anderen: Jimmy hatte vor Beginn unserer Expedition im Dorf eine Tasche aus Palmenblättern flechten lassen, in die mein Name eingewebt war. Ich staunte sehr über die Kunstfertigkeit seiner Nichte. Gedeon hatte am Vortag einen Ausflug im

Regen gemacht, um Palmenherzen für mich zu ernten, aus denen er mir einen leckeren Salat zubereitet hatte. Ich bekam ein in Holz geschnitztes TamTam, das mich immer beschützen sollte und eine spezielle Sandzeichnung, die Glück bringen würde und die noch nie ein Fremder außerhalb des Dorfes gesehen hatte. Ich freute mich riesig über die besondere Ehre! Am Abend wartete noch eine weitere Auszeichnung auf mich: Ich durfte eine Sandzeichnung lernen. Normalerweise dürfen nur Männer wissen, wie man auf diese Art und Weise miteinander kommuniziert, aber meine Freunde hatten gemeinsam beschlossen, dass ich es lernen durfte. Zuerst streut man weiße Asche auf den schwarzen Vulkanboden, dann zeichnet man ein Gitternetz zur Orientierung. Wenn man mit der eigentlichen Zeichnung beginnt, darf man den Finger nicht mehr absetzen. Es war gar nicht so einfach, auf diese Art und Weise eine Eidechse zu zeichnen und sich alle komplizierten Schritte zu merken. Ich freute mich sehr. Auch Basti machte mir ein Geschenk: Er duschte sich endlich einmal wieder. Er hasst kaltes Wasser, aber heute machte er eine Ausnahme. Frisch gewaschen lagen wir beide im Zelt und genossen seit langem wieder einmal eine unbeschwerte Nacht. Heute war mir das Wetter egal!

Zwei Tage später feierte Basti seinen Geburtstag. Mein Geschenk an ihn sollte eine Abwechslung zur doch sehr eintönigen Küche sein: Ich schickte unsere Freunde zum Jagen. In der Caldera gibt es verwilderte Hausschweine und sogar eine Herde verwilderter Kühe. Ich schärfte unseren Freunden ein, das entsprechende Tier tot zurückzubringen, denn Basti liebt Tiere und ich wusste, dass er große Schwierigkeiten damit gehabt hätte, seiner Mahlzeit vorher in die Augen zu blicken.

Am Abend vor Bastis Geburtstag meckerte es im Wald. Ich folgte dem Geräusch und entdeckte Basti, der eine angebundene Ziege mit Farnen fütterte. »Schau mal, ist die nicht süß?« Basti und der schwarze Ziegenbock, der fürchterlich stank und uralt war, schauten mich mit großen Kulleraugen an. Oh nein, wie sollte ich Basti erklären, dass sein neuer Freund für sein Geburtstagsessen im Kochtopf landen würde? Natürlich wurde die Ziege wieder freigelassen und noch nie hat sich mein Mann so über ein Geburtstagsessen aus Spaghetti mit Tomatensoße gefreut.

Ich hatte große Probleme, den Einheimischen zu erklären, warum wir unser Festessen nun doch nicht wollten. Sie sehen das viel pragmatischer und sind näher am natürlichen Kreislauf des Lebens dran: Sie töten Tiere, um zu überleben. Früher, als ich mehrere Monate am Stück in Vanuatu verbracht habe, hat es mir wenig ausgemacht, einen Fisch, ein Huhn oder auch einmal ein Schwein zu schlachten. Das gehörte einfach dazu. Heute könnte ich das nicht mehr. Wieder etwas, wo ich mich im Laufe der Jahre verändert habe.

Mit jedem neuen Tag wurde ich nervöser. Der Regen wollte und wollte nicht aufhören. Mit dem Satellitentelefon baten wir Bastis Vater Gerhard, Meteorologe beim Deutschen Wetterdienst, um Hilfe. Die Großwetterlage brachte aufgrund eines verspäteten Zyklons Regen und Sturm. Änderung war nicht in Sicht.

Leider teilte uns Gerhard auch mit, dass Bastis Großvater verstorben war. Sogar die Beerdigung hatte schon stattgefunden. Ein komisches Gefühl gehabt, als weit von der Familie entfernt zu sein, wenn man gebraucht wurde. Ich hatte schon so etwas im Gefühl gehabt, als wir uns von ihm verabschiedet hatten um nach Vanuatu aufzubrechen und irgendwie gewusst, dass es das letzte Mal sein würde, dass wir uns sehen.

In dieser Nacht saß ich lange am Feuer und unterhielt mich mit Jimmy über Vorahnungen und über den Glauben an die Urgewalt der Natur auf Ambrym. Das Gespräch zeigte mir wieder einmal, wie viele Dinge es zwischen Himmel und Erde gibt, die man sich nicht erklären kann und die ich auch nicht verstehen will. So schwer es mir auch manchmal fiel, hier musste ich sie akzeptieren. Jimmy nickte.

Am nächsten Morgen brach er auf, um ins Dorf zurückzukehren. Er würde nochmals mit ZakZak reden und versuchen, ihn von der Wichtigkeit der Expedition zu überzeugen. Ihm sagen, dass ich sie brauchte, um meinen Frieden zu finden. Mir war das so nicht bewusst, doch Jimmy fühlte, dass es noch einen anderen Grund außer der Neugierde gab, dass ich dieser zerstörerischen Kraft so nahe sein wollte. Ich war mir nicht sicher, war aber einverstanden, dass Jimmy nochmals zu ZakZak ging.

Wir frühstückten unsere Haferflocken, tranken den Zehn-Uhr-Tee, aßen Schiffszwieback mit Dosenfleisch zum Mittagessen. Dann gab es den Nachmittagskaffee und ein paar Stunden später war es Zeit für die Instantnudeln zum Abendessen. Dazwischen war Platz für ganz viel Langeweile. Der Tag verging wie jeder andere und es regnete weiter.

In der Nacht wachte ich plötzlich auf. Es war still. Kein Regen, der auf die Zeltplane trommelte. Der Himmel war sternenklar. Vor Aufregung konnte ich nicht mehr schlafen.

Irgendwann wurde es hell und die Sonne ging auf. Die Sonne! Die Wärme tat so gut. Der schwarze Ascheboden begann sofort, in der Hitze zu dampfen. Basti und ich grinsten uns an und fingen an, in stillschweigendem Einverständnis zu packen. Der Moment war gekommen! Jeder wusste es und jeder war damit beschäftigt, sein Equipment zu richten.

Wir würden ein vorgeschobenes Basislager auf der ersten Terrasse errichten, um mehr Zeit im Krater zu haben. Nur Thomas, Basti, ich, Jochen und der zweite Kameramann Pablo würden dort übernachten. Je weniger

Leute, desto geringer war das Risiko, dass etwas passiert. Felix würde im Camp bleiben, die Batterien versorgen und die Daten auf Festplatte sichern. Der Tonmann würde ihm am Abend die Speicherkarten und Batterien bringen, sodass für den nächsten Tag wieder alles einsatzbereit war. Auch unsere Jungs würden abends wieder im Basislager schlafen.

Jimmy tauchte mit einem großen Lachen und frischen Grapefruits aus dem Dorf auf: »Seht ihr, ich hab's euch gesagt!«

Der große Augenblick

Ich stürzte mich auf das frische Obst. So viel Zeit musste sein! Die Stärkung war nötig, denn der Weg zum Benbow war zwar nur eineinhalb Stunden lang, aber mit den schweren Rucksäcken kein Spaß. Zwei Regenbögen begleiteten unseren Aufstieg auf einen wolkenfreien Vulkan. Die Bedingungen waren perfekt: kaum Gase im Krater und keine Regenwolken in Sicht. Ich fragte mich, wie es im Kraterinneren wohl nach dem Vulkanausbruch und dem damit verbundenen Erdbeben aussehen würde.

Endlich konnte ich auf die erste Terrasse blicken. Ein paar große Brocken lagen unten, die beim letzten Mal noch nicht da gewesen waren, aber sonst sah alles so aus wie immer. Nur der Lavasee war nicht zu hören. Im letzten Jahr hatte man hier deutlich sein Brodeln wahrnehmen können. In diesem Moment hatte ich große Sorge, dass der See nicht mehr da sein würde.

Basti richtete das Seil ein, um von dem Kraterrand auf die erste Terrasse zu kommen. Ich seilte mich nach Basti ab, die anderen folgten mit Sicherheitsabstand wegen der Steinschlaggefahr. Plötzlich schrie jemand: »Achtung, Zelt!« Verblüfft schaute ich nach oben, entgegen aller im Hochgebirge erlernten Regeln. Wenn jemand warnt, muss man sich normalerweise klein machen und mit Steinen rechnen. Fast hätte ich eines unserer Zelte an den Kopf bekommen! Das anscheinend schlecht befestigte Zelt sauste an mir vorbei in die Tiefe. Das war gerade nochmal gutgegangen!

Ich konnte nicht mehr abwarten, bis die anderen nachkamen und eilte gemeinsam mit Basti zur »unserer« Plattform, an der er mir den Heiratsantrag gemacht hatte. Von hier aus sah man normalerweise den Lavasee. Doch der See war nicht da! Ich schluckte. Basti griff nach meiner Hand. Er wusste, wie mir zumute war. Ich hatte Angst. Nein, mein Leben hing nicht davon ab, ob da ein Lavasee war oder nicht. Aber ich hatte mich so lange auf die Expedition vorbereitet und war nicht gewillt, schon wieder aufgeben zu müssen.

Irgendwo musste der See sein! Ich konnte ihn leise hören. Wir würden nur viel weiter nach unten müssen. Mir war klar, dass dies für mein Team viel gefährlicher war. Meine Verantwortung für die anderen machte mich in diesem Moment wahnsinnig! Am liebsten hätte ich allen gesagt: »Bleibt erst einmal hier, Basti und ich schauen nach«, aber das hätte bestimmt keiner gewollt. Thomas wäre am liebsten gleich in den See gesprungen und konnte es fast noch weniger abwarten als ich, endlich unten zu sein. Jochen wollte den Film authentisch haben und musste deswegen unbedingt mit dabei sein. Also führte kein Weg daran vorbei, dass wir uns gemeinsam abseilten – aber eben um einiges weiter nach unten, als geplant.

In meinem Kopf überschlugen sich die Gedanken, aber ich war dabei ganz ruhig. Würde ich keinen kühlen Kopf bewahren, könnte alles schiefgehen. Es galt, alles gut zu durchdenken. Ich löste meinen Blick vom Inneren des Kraters und wandte mich Basti zu. Erst jetzt bemerkte ich seinen sorgenvollen Blick. Er deutete wortlos auf unsere Abseilstelle vom letzten Mal: Die gesamte Felsnase war eingestürzt! Die Hälfte der Wand fehlte. Schon vorher sah alles brüchig aus, nun machte es den Anschein, als würde die Wand jede Sekunde einstürzen. Autogroße Blöcke lagen verschoben über den Abgrund. Ich wagte nicht, mir auch nur ansatzweise vorzustellen, was passieren würde, wenn man sie mit den Füßen berührte. Ich hatte eine Gänsehaut. Jetzt wusste ich, dass ich sehr gute Argumente brauchte, um die anderen zu überzeugen. Für mich ging es um meinen Traum, für die anderen um einen Job, für den man sein Leben nicht aufs Spiel setzt. Beim Filmen ist es die oberste Regel, dass man sich für einen Auftrag nicht in Lebensgefahr begeben darf. Waren wir nicht dabei, gerade das zu tun? Basti ist immer der vorsichtigere von uns beiden und war strikt dagegen, uns wieder an dieser Stelle abzuseilen. Den Rest des Nachmittages suchten wir nach alternativen Stellen, fanden aber keine. Wir diskutierten lange, um eine Lösung zu finden. Vergeblich. Das einzige, was uns einfiel: Wir wollten es morgen an der alten Abseilstelle zumindest probieren, um ganz sicher zu sein, dass es nicht zu gefährlich wäre.

Die Nacht im Vulkan

Uns blieb nichts anderes übrig, als auf den nächsten Tag zu warten. Wir bereiteten uns auf die Nacht im Vulkan vor und bauten unser vorgeschobenes Zeltlager im Kraterinneren auf. Wir errichteten es nicht an der Stelle, an der ich beim ersten Mal mit Carsten gecampt hatte, sondern auf einer kleinen Erhebung. Das erschien Thomas und Basti sicherer, denn in der Senke unseres ursprünglichen Zeltplatzes hätte sich leicht Kohlenmonoxid sammeln können. Das tödliche Gas, das nicht riecht, ist schwerer als Luft und sackt nach unten. Dagegen halfen die Filter unserer Gasmasken nichts und aus Gewichtsgründen hatten wir auf größere Masken verzichten müssen. Im Nachhinein fröstelte es mich etwas, denn ich wusste nicht, ob wir bei meiner ersten Expedition in den Krater an solche Dinge gedacht hatten. Aber es war ja nichts passiert und nun wusste ich besser Bescheid. Zur Sicherheit würden wir in der Nacht eine Kerze anzünden und Wache halten. Die Flamme braucht Sauerstoff zum Brennen und würde sie ausgehen, stimmte etwas nicht.

Ich mag besonders den Einbruch der Nacht im Vulkan. Die Sonne geht unter und man hat etwa 30 Minuten, in denen der Krater noch hell genug ist, um die Steine zu erkennen, während es aber schon dunkel genug ist, das rote Glühen der Gase zu sehen. Ich war beruhigt. Der Vulkan leuchtete heller, als ich es je wahrgenommen hatte. Der See war auf jeden Fall da und hören konnte ich ihn jetzt auch deutlicher. Es war ein Tag vor dem Vollmond. Die Nacht war klar und der Mond strahlte durch die rot leuchtenden Vulkangase. Ab und an waren funkelnde Sterne zu sehen. Die Nacht war viel zu schade, um im Zelt zu liegen! Aber ich musste fit für morgen sein. Ich setzte meine Gasmaske auf und kroch in den Schlafsack. Thomas übernahm die erste Kerzenwache, doch ich hätte gerne mit ihm getauscht. Wie sollte ich jetzt nur einschlafen? Hier war es viel zu schön, um auch nur eine Sekunde mit geschlossenen Augen zu verbringen. Um mich herum war alles rot, hell und wunderschön. Mir schien es, als würde der Vulkan mich endlich zu sich einladen, nachdem er sich die ganze Zeit so feindlich gezeigt hatte. Benbow kam mir wie eine

Persönlichkeit mit starkem, unwiderstehlichem Charakter vor. Warum waren ausgerechnet einen Tag nach unserem Austausch mit ZakZak die Bedingungen perfekt? Bevor ich weiter darüber nachdenken konnte, übermannte mich der Schlaf. Trotz Gasmaske und leichtem Zittern der Erde verbrachte ich eine erholsame Nacht in den Armen des Vulkans. Irgendwie fühlte ich mich geborgen. Ich war dem Vulkan hilflos ausgeliefert, er konnte mit mir machen, was er wollte. Trotzdem hatte ich das Gefühl, beschützt zu werden.

Als ich aufwachte, schien die Sonne auf mein Zelt. Rasch sprang ich auf – hatte ich etwa verschlafen? Keiner hatte mich für die Kerzenwache geweckt! Anscheinend war ich die einzige, die im Vulkan gut geschlafen hatte. Die anderen waren müde und kamen nur langsam in die Gänge. Ich war aufgeregt und konnte es vor lauter Ungeduld nicht mehr abwarten. Jetzt war der große Tag gekommen – hoffentlich!

Gegen Mittag waren endlich alle Seile eingerichtet und Basti band sich ein. Jetzt hatte ich doch große Angst – was wäre, wenn Basti etwas zustieß? Dann wäre es ganz klar meine Schuld, ich hatte ihn überredet. Leider ließ er sich nicht davon überzeugen, dass ich die Abseilpiste zuerst testete. Ich küsste Basti, der mir versicherte, er werde umdrehen, wenn es zu gefährlich und zu brüchig wäre. Er kennt sich so gut in alpinem Gelände aus. Ich musste ihm vertrauen und durfte mir keine

Sorgen machen. Basti schulterte die Bohrmaschine und verschwand rasch aus meinem Blickfeld.

Nach einer gefühlten Ewigkeit der Ungewissheit hörten wir sein Bohren. Ich quiekte vor Freude und fiel Thomas um den Hals. Hurra, es ging! Dass Basti anfing, Sicherungen einzubohren, war bestimmt ein gutes Zeichen. Mein Funkgerät knarrte und Basti meldete sich zu Wort: »Ja, alles okay, es scheint doch nicht so schlimm, wie befürchtet. Aber ihr müsst höllisch aufpassen, keine Steine loszutreten. Dann seid ihr weg!«

Ich konnte es kaum mehr erwarten. Eine halbe Stunde später hing ich endlich in meinem Klettergurt kurz über der Kante, unter mir eine 150 Meter lange Wand bis zur zweiten Terrasse. Ich lockerte mein Abseilgerät und schwebte nach unten. Wie beim ersten Mal drückte der schwere Rucksack auf meine Schultern und zog mich nach hinten. Doch das war mir egal. Ich durfte wieder hier unten sein!

Schon war ich da, diesmal waren der Überhang und das freie Abseilen kein Problem. Rasch band ich mich aus dem Seil aus und lief die letzten Meter zur Kante. Da war er! Endlich konnte ich »meinen« Lavasee sehen. Welche Erleichterung! Ich schrie zu den anderen hoch, ohne daran zu denken, dass ich allen einen riesigen Schrecken mit meinem Freudengeheul einjagte.

Während Jochen und Thomas sich abseilten, hatte Basti die nächste Abseilstelle schon ausgesucht. Gemeinsam richteten wir die Seile für die nächste Terrasse ein.

Die zweite Terrasse, Teil 2

Plötzlich stieg ein Grollen aus dem Vulkan empor. Lauter und lauter wurde es, geradezu ohrenbetäubend. Dann stieg ein Wirbel aus roten Gasen aus dem Vulkan. Rasend schnell, aber es kam mir vor wie in Zeitlupe. Ich schaute sprachlos zu und konnte nichts tun. Einen Sekundenbruchteil später hatte uns die Wolke erreicht. Die glühend heiße Luft schnitt mir den Atem ab. Ich konnte nichts mehr sehen, mein Gesicht brannte. Ich hielt mir die Hände davor, um es zu schützen. Ich wollte schreien, weil die heiße Luft in den Lungen brannte, doch bevor ich einen Laut von mir geben konnte, war der Spuk schon vorbei. Die Gase zogen in den Himmel. Mir wurde bewusst, dass wir in dem engen Trichter gefangen waren. Noch weiter unten im Vulkan konnte ein erneuter Gassturm das Ende bedeuten. Wieder drohte unsere Expedition zu scheitern, denn Basti und Jochen wollten umkehren. Auch Thomas war unentschlossen. Ich wollte weiter. Wie wahrscheinlich war es, dass wieder eine Gaswolke kommen würde? Im Grunde handelte es sich um Winde, die die Gase in unsere Richtung trieben, aber noch nie hatte ich so eine heftige Reaktion erlebt. Und nun sollte es ausgerechnet in den nächsten Stunden noch einmal so sein? Das war höchst unwahrscheinlich! Ich schlug Thomas vor, die Temperatur auf der dritten Terrasse zu messen. Mit seinem Laserthermometer, das wie eine Pistole aussieht, zielte er auf die

Gesteine 200 Meter unter uns. Je nachdem, wie nahe sie am Lavasee waren, ergaben die Messungen um die 70 °C. »In jeder Sauna ist es wärmer«, argumentierte ich. Ich erntete entsetzte Blicke. Die anderen wollten jetzt erst recht umkehren, bei solchen Temperaturen sei es viel zu gefährlich, aber schließlich siegte auch bei den Jungs die Abenteuerlust.

Wir hatten entschieden. Mittlerweile war es schon dunkel und nun drängte die Zeit. Die Abseilstelle war eingerichtet. Ich wollte mich einbinden, denn für mich war es selbstverständlich, mich als erste abzuseilen. Schließlich war es meine Idee und die anderen sollten meine Naivität nicht ausbaden müssen, falls es doch nicht gehen würde. Das war zumindest der Grund, den ich mir einredete. Wenn ich ehrlich zu mir bin, wollte ich als erster Mensch da unten sein! Wie immer durchschaute mich Basti. Er werde zuerst gehen. Basta. Er wollte, dass mir nichts passierte. Das war sein Hauptanliegen. Mir wurde ganz warm, weil da jemand war, der mich so sehr liebte, dass er sich für mich in Lebensgefahr begab. Da unten konnte alles Mögliche passieren.

Fast wäre Basti ohne meinen Kuss los. Ich schaute ihm nach, wie er immer kleiner und kleiner wurde. Hier war die Abseilpiste nicht so steil, sodass wir Basti beobachten konnten. Es war fast taghell. Das unwirkliche Glühen des Sees, den man noch immer nicht sehen konnte, erhellte die Wände um uns herum.

Ich kniff die Augen zusammen – wo war er? Ich konnte ihn nicht mehr sehen, er war im Schlund des Vulkans verschwunden. Jetzt hatte ich Angst. Richtige Angst. Jochen richtete die Kamera auf mich und fragte mich etwas. Ich hörte ihn wie durch einen Nebel, konnte aber nichts erwidern. Zum ersten Mal verstand ich den Ausdruck »gelähmt vor Angst«. Wenn ich selbst in einer kritischen Situation stecke, muss ich ruhig bleiben und überlegt handeln, damit mir nichts passiert. Hier konnte ich nichts tun, außer warten. Das ist das Allerschlimmste. Wie oft habe ich das meiner Mami zugemutet? Zum Glück wusste sie nicht, wo wir gerade waren und was wir hier machten.

Ich hielt den Atem an. Wie lange, das weiß ich nicht. Es dauerte viel zu lange. Aber dann – endlich knarrte das Funkgerät: »Ich bin unten. Und es ist verdammt einmalig.« Jochen, Thomas und ich jubelten gleichzeitig los. Geschafft!!! Basti lässt sich normalerweise nicht zu Begeisterungsstürmen hinreißen, also musste es wirklich beeindruckend sein. Es schien auch nicht so heiß zu sein, wie Thomas gemessen hatte. Basti gab mir noch ein paar Ratschläge, an welchen Stellen ich beim Abseilen besonders aufpassen musste und dann war ich an der Reihe. Die letzten Meter in den Krater waren wie ein Traum und ich genoss das Gefühl, weiter in den Trichter zu schweben.

Die dritte Terrasse

Ich musste an Jules Vernes *Die Reise zum Mittelpunkt der Erde* denken, bis ich Basti erreichte, der am Fuß der Wand kauerte. Von hier aus konnte man den See nicht sehen, nur hören und die Explosionen spüren. Ich kam mir vor, als würde ich auf einem Wackelpudding stehen. Die Erde bebte unaufhörlich. Es war bei weitem nicht so warm wie geglaubt. Ich schätzte die Temperatur auf maximal 30 °C. Wahrscheinlich hatten die heißen Gase Thomas' Messungen verfälscht. Ich umarmte Basti stürmisch, er küsste mich sachte zurück. Irgendwie ergriffen, aber vorsichtig, so, als hätte er ein schlechtes Gewissen. Diese Art Kuss machte mich stutzig, aber jetzt war ich erst einmal hier. Während wir auf die anderen warteten, hatte ich Zeit, mich umzusehen.

Am meisten überraschte mich, dass sich die dritte Terrasse so tief im Erdinneren befand. Ich schaute nach oben und sah rings um mich herum nur hoch aufragende Wände. Der Himmel wurde auf ein kleines Stück reduziert, kleiner als der Handtuchgarten eines Reihenmittelhauses. Die Wände wurden vom Licht des Lavasees angestrahlt. Normalerweise waren sie wahrscheinlich weißgrau wie oben, leuchteten jetzt aber rot. Sie sahen brüchig aus, als könne das ganze Konstrukt bei den ständigen Beben zusammenstürzen. Daran durfte ich nicht denken. Bei der Eruption vor einem halben Jahr war hier im Krater viel zusammengestürzt und die Erde seitdem noch nicht wieder zur Ruhe gekommen. Es gab keine Garantie dafür, dass keine Felsbrocken herunterstürzen würden, während wir hier unten waren.

Die Erde wackelte ohne Unterlass. Ich hatte schon viele Erdbeben erlebt, doch das hier hatte nichts mit einem Erdbeben zu tun. Sie waren fast beruhigend gegen das unaufhörliche Zittern hier im Vulkan. Ein Erdbeben rollt unter den Füßen hinweg, wie trockene Wellen. Am Anfang ist es heftig, aber es ebbt schnell ab. Hier hingegen wurde nichts weniger, im Gegenteil, es wurde stärker, je näher wir dem See kamen. Auch die Geräusche waren unheimlich. Als würde ein riesiger Topf Wasser – aber tausendmal lauter – vor sich hin kochen. Der Vulkantrichter wirkte wie ein altes Grammophon. Und schon wieder hatte ich nicht an die Ohrenstöpsel gedacht!

Es roch nach … nichts. Meine Nase, die normalerweise sehr gut ist – was ich bei stinkenden Männern auf Expeditionen oft bedauere – hatte nichts zu tun. Wenn man sich stark konzentrierte, konnte man sagen, dass es vielleicht ein klein wenig nach Schwefel roch. Das war aber schon alles. Die Gase waren hier nicht einmal besonders dicht. Sie zogen an uns vorbei nach oben. Ich konnte sogar ohne Maske atmen.

Basti riss mich aus meinen träumerischen Beobachtungen. Er zeigte auf den Weiterweg und schüttelte den Kopf. »Schau dir diese gefährliche Querung an!« Jetzt verstand ich seine verhaltene Reaktion von vorhin. Vor uns lag ein schräges Schuttfeld voller großer und kleiner loser Felsblöcke. Hier konnte man keine Sicherungen anbringen und wenn man stürzte, landete man unweigerlich im Lavasee. Drohte mein Traum wieder zu scheitern? Nein, das musste jetzt auch noch gehen. Diesmal gab es kein langes Abwägen. Jetzt wollte auch Basti zum Lavasee, der nur 100 Meter von uns entfernt brodelte, den wir aber noch immer nicht sehen konnten. Wir waren beide nicht bereit, so kurz vor dem Ziel aufzugeben. »Sei bitte vorsichtig. Ich liebe dich!«, gab er mir mit auf den Weg. Ich war einfach nur glücklich. Vollkommen. Konnte es irgendetwas Schöneres geben, als solch einen Moment?

Als die anderen endlich bei uns waren, wagte sich Basti weiter. Am Seil gesichert, tastete er sich über die losen Felsblöcke knapp über dem Abgrund, hinter dem der Lavasee lauerte. Er durfte nicht ausrutschen. Da er parallel zum See querte, würde er trotz des Seils bei einem Sturz in der Lava landen oder dem See so nahekommen, dass es zu heiß würde. Entweder er würde verbrennen oder das Seil würde schmelzen. Ich wollte es mir nicht ausmalen und war sehr erleichtert, als Basti heil auf der anderen Seite angekommen war.

Nun war ich an der Reihe. Wie immer in Gefahrensituationen blendete ich die Angst aus. Ich war ganz auf jeden nächsten Schritt konzentriert. Schritt für Schritt kam ich meinem Kindheitstraum näher. Ich war fast da.

Da, wo vor uns noch nie ein anderer Mensch gewesen war. Das Gefühl war unbeschreiblich. Es waren nur noch wenige Meter zum See. Basti stand schon an der Kante und blickte nach unten.

Himmel und Hölle

Ich ging den letzten Schritt. Endlich war ich da. Am Rande des Lavasees, am Rande des Abgrunds, am Rande des Wahnsinns. Vor mir brodelte es, ein kochender, wütender Kessel voller Zerstörung. Die Hölle auf Erden. Für mich war es der Himmel. Wie kraftvoll die Lava nach oben spritzte, wie heftig die Erde bebte, wie die Gase zischten. Wie ein Lebewesen brodelte der See, er blubberte und spritzte. Die Lavaschlacken wurden über den Rand des Sees geschleudert und trafen nur wenige Dutzend Meter unter uns auf. Als ob der Vulkan ein Feuerdrache wäre, der seine glühenden Zungen nach uns ausstreckte. Dieses Züngeln wurde von seinem heißen Atem begleitet. Direkt an der Kante war es unbeschreiblich heiß. Der Lavasee mit seinen 1200 °C lag direkt unter mir und seine Hitze traf mich mit voller Wucht. Solche Temperaturen hatte ich noch nie erlebt! Ich hatte den Eindruck, dass meine Wimpern verschmorten und musste mir die Hände vor das Gesicht halten, um mich vor der Hitze zu schützen. Aber von hier aus sah man den See am besten! Wenn man sich nur ein kleines bisschen weiter nach vorne lehnte und in den Aufwind der heißen Gase kam, war das nochmals eine ganz andere Welt. Hier hatte man nun wirklich gar nichts mehr verloren!! Basti bereitete den Hitzeschutzanzug vor, um damit so nahe an die Kante gehen zu können, um eine Probe der frischen Lava zu nehmen. Er zog sich auf einem kleinen aber flachen Plateau hinter dem Abgrund zum See um. Dort war es nicht ganz so laut und es war nicht so heiß. Hier kam mir der Abgrund der Erde fast friedlich vor, doch ich wollte mich nicht auf dem Plateau verstecken – von hier aus sah man den aufregenden See nicht! Der Anblick des Sees war das Faszinierendste, das ich je gesehen hatte. Ich hätte stundenlang hier sitzen und zuschauen können, wie sich die Lava hob und senkte, wie sie brodelte und blubberte.

Ich kam mir ganz klein vor. Ein winziger Punkt inmitten dieser Urgewalt. Ein Nichts. Dieses Gefühl hatte ich gesucht. Ich habe große Ehrfurcht vor der Erde, vor dem, was uns umgibt und vor dem, was wir uns nicht erklären können. Wir Menschen sind zu unwichtig! Die Frage nach dem Sinn, den mein Papi so lange suchte, sie wird hier beantwortet: Sie ist egal. Der Mensch ist viel zu klein für seine großen Fragen.

In diesem Augenblick wurde mir bewusst, warum ich meinen Traum unbedingt verwirklichen wollte und warum ich hier war: Ich wollte das intensive Gefühl des Lebens erfahren, das mein Vater nicht mehr gespürt und das er weggeworfen hatte. Ich wollte seine Entscheidung verstehen. Ich wollte meine Träume verwirklichen und brauchte das Ringen mit der Wirklichkeit, um sie in die Tat umzusetzen. Ich fühlte mich erst dann lebendig, wenn ich beim Zusammentreffen von Traum und Realität gefordert wurde. Ich wollte Situationen erleben, in denen ich mich ganz lebendig fühlte, um zu sehen und vielleicht zu verstehen, warum mein Vater das alles nicht mehr gewollt hatte. Wenn nicht das Leben am Rande des Abgrunds spüren, wo dann?

Mit einem Schlag kann alles aus und vorbei sein, aber ich durfte trotzdem hier sein. Das Leben ist ein Geschenk und jede Sekunde ist unendlich kostbar. Jeder noch so kleine Moment, jede kleine Bewegung, jeder noch so kleine Blick kann zu etwas ganz Großem werden, wenn man es nur zulässt. Ob im Vulkan oder im Alltag – intensiv erlebte Sekunden bleiben. Für immer.

Mein Traum hat sich erfüllt: Ich bin am Lavasee gestanden. Auf der langen Reise dorthin habe ich so viel mehr gefunden, als ich je zu träumen gewagt hätte: einen tollen Mann, wunderbare Freunde und den Glauben, dass diejenigen, die nicht mehr bei mir sein können, trotzdem ein Teil von mir sind.

Am Lavasee zu stehen, war ein großer Moment für die Ewigkeit. Für mich. Für die Welt ist das egal. Ich bin nur ein Staubkorn im großen Ganzen, im ewigen Kreislauf der Natur, und dennoch durfte ich hier sein und diesen unwiederbringlichen Moment genießen. Leise bedankte ich mich beim Vulkan dafür, dass ich hier stehen und die Magie in Erfüllung gegangener Träume erleben durfte.

Epilog

Durch unsere Expedition wurde der Lavasee zum ersten Mal richtig vermessen und Thomas konnte wertvolle Daten für seine Recherchen sammeln. Gemeinsam mit den Aufzeichnungen des vulkanologischen Observatoriums in Port Vila werden sie helfen, Ausbrüche besser vorherzusagen und die Bevölkerung von Ambrym zu schützen. Weiterhin hat Thomas ein Vulkanmuseum in der Hauptstadt Port Vila gegründet, bei dem auch wir tatkräftig mitwirken. Es ist wichtig, den Menschen vor Ort die Möglichkeit zur Information zu geben und Zugang zu Wissen zu verschaffen. Woran jeder einzelne letztendlich glaubt, bleibt jedem selbst überlassen, aber die Informationen müssen frei zugänglich sein. Wissenschaft und Glaube müssen sich nicht ausschließen, sie zeigen verschiedene Perspektiven einer Wirklichkeit auf.

Uns ist es gelungen, die ersten Menschen zu sein, die sich so tief in den Benbow wagten. Dieses Erlebnis konnten wir in einem Film teilen und wir haben es auch geschafft, das weltweit erste 360-Grad-Video in einem aktiven Vulkan zu produzieren. Was aber viel mehr für mich bedeutet, ist, dass ich so lange an meinen Traum geglaubt und ihn nie aus den Augen gelassen habe. Am Anfang dachte ich, dass es unmöglich wäre, sich in den Krater abzuseilen. Je mehr ich mich damit befasste und je konkreter ich plante, desto realistischer wurde meine Idee. Doch erst durch die nötige Mischung aus Durchhaltevermögen, Eigeninitiative, Glück, den richtigen Menschen um mich herum und einer gehörigen Portion Leidenschaft wurde es machbar. Ich habe gelernt, nicht aufzugeben und immer an meine Träume zu glauben, egal, was andere Menschen darüber denken und egal, wie lange es manchmal dauert.

Meine Motivation dabei ist zum einen der Weg zur Erfüllung meines Traumes. Ich genieße es, mir eine Herausforderung zu suchen, ohne zu wissen, ob ich es je schaffen werde. Ich fühle mich vollkommen lebendig, wenn ich an meine Grenzen gehe und merke, dass ich diese verschieben kann. Mich motiviert aber auch, anderen Menschen durch meine Geschichten Mut zu machen, ihre eigenen Träume zu verwirklichen. Als sich mein Papi das Leben nahm, habe ich mir vorgenommen, das Leben, das er nicht mehr haben wollte, in vollen Zügen zu genießen. Dazu gehört auch, meine Träume zu leben. Dieses tiefe Glücksgefühl, das davon ausgeht, möchte ich mit Ihnen teilen, liebe Leser! Ich möchte Sie dazu ermutigen, Ihre eigenen Träume zu leben. Auch wenn es nicht einfach ist und besonders der erste Schritt unglaublich viel Mut erfordert.

Für mich hat sich mein Traum erfüllt. Und macht Platz für den nächsten. Bald werde ich wieder mein Expeditionsequipment packen und sagen: »Ich mach das jetzt!«

Danke

Bedanken möchte ich mich von ganzem Herzen bei allen, die dieses Buch möglich gemacht haben: Zuerst einmal bei den tollen Menschen, über die ich in meinem Buch schreiben durfte, und bei all denen, die mir auf meinem Weg zu meinem Traum begegnet sind und die mich ermutigt haben, meinen Weg zu finden.

Mein aufrichtigster Dank gilt meiner Familie, vor allem Basti, der immer für mich da ist.

Bedanken möchte ich mich auch ganz herzlich bei meiner Lektorin Martina Paischer, die dem Buch den letzten Schliff gegeben hat und mit der die Zusammenarbeit ein großes Vergnügen war. Vielen, vielen Dank auch an meinen Verlag Benevento, besonders an Caroline Metzger und an Gisa Wörlein für die tolle Unterstützung.

Mein besonderer Dank geht an Martin Bethke, der mir gesagt hat: »Du machst das jetzt!«, und mir als Fotografin ohne weiteres zutraute, ein Textbuch zu schreiben. Seinem Vertrauen ist es zu verdanken, dass es dieses

Buch jetzt gibt und ich die Freude am Schreiben entdeckt habe.

An dieser Stelle möchte ich mich auch ganz herzlich bei Ihnen, liebe Leser, für Ihr Interesse an meiner Geschichte bedanken und hoffe, dass es Sie ein wenig inspirieren konnte, Ihre eigenen Träume zu erfüllen. Ich würde mich sehr freuen, von Ihnen zu hören. Schreiben Sie mir doch einfach mal!

ulla@ullalohmann.com
www.ullalohmann.com
Facebook: ullalohmann
Instagramm: ullalohmann